太陽の科学が予告する

二〇四〇年寒冷化

脱炭素キャンペーンの根拠を問う

学術研究出版

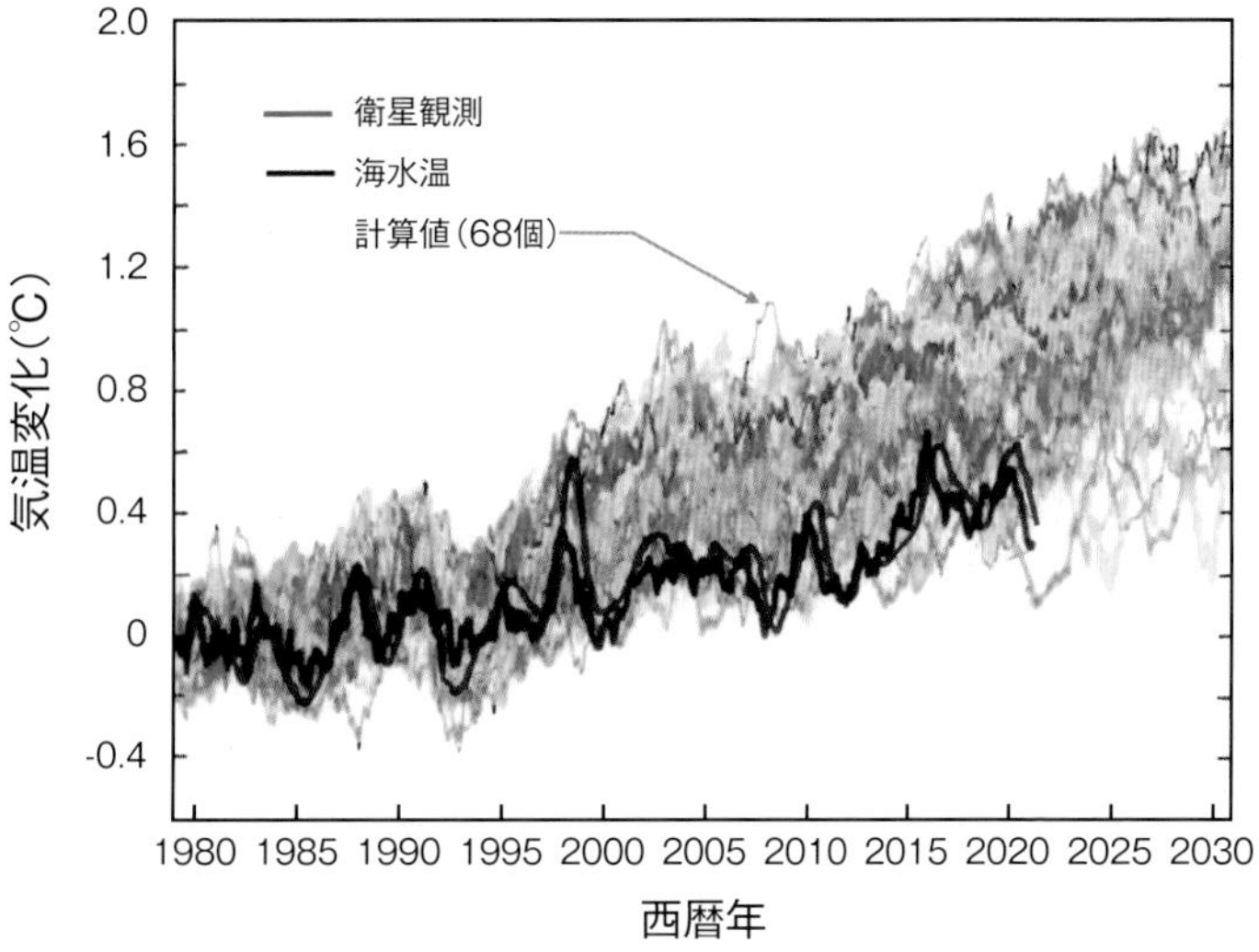

カラー口絵1　1979年以後の地球平均気温の計算値と観測値の比較

計算値は最新のCMIP6プロジェクトによる68個の報告値の集録、観測値は赤線が衛星観測データ（UAH）、黒線が海水温（ERSSTv5, 60°N～60°Sの平均）で、1979－1983年の平均値を基準（ゼロ）にとってある。計算値が大きくばらついていて、年を追うごとに観測値との乖離が大きくなっているのはCO_2による温暖化を大きく見積もり過ぎているためである（スペンサー 2021a）

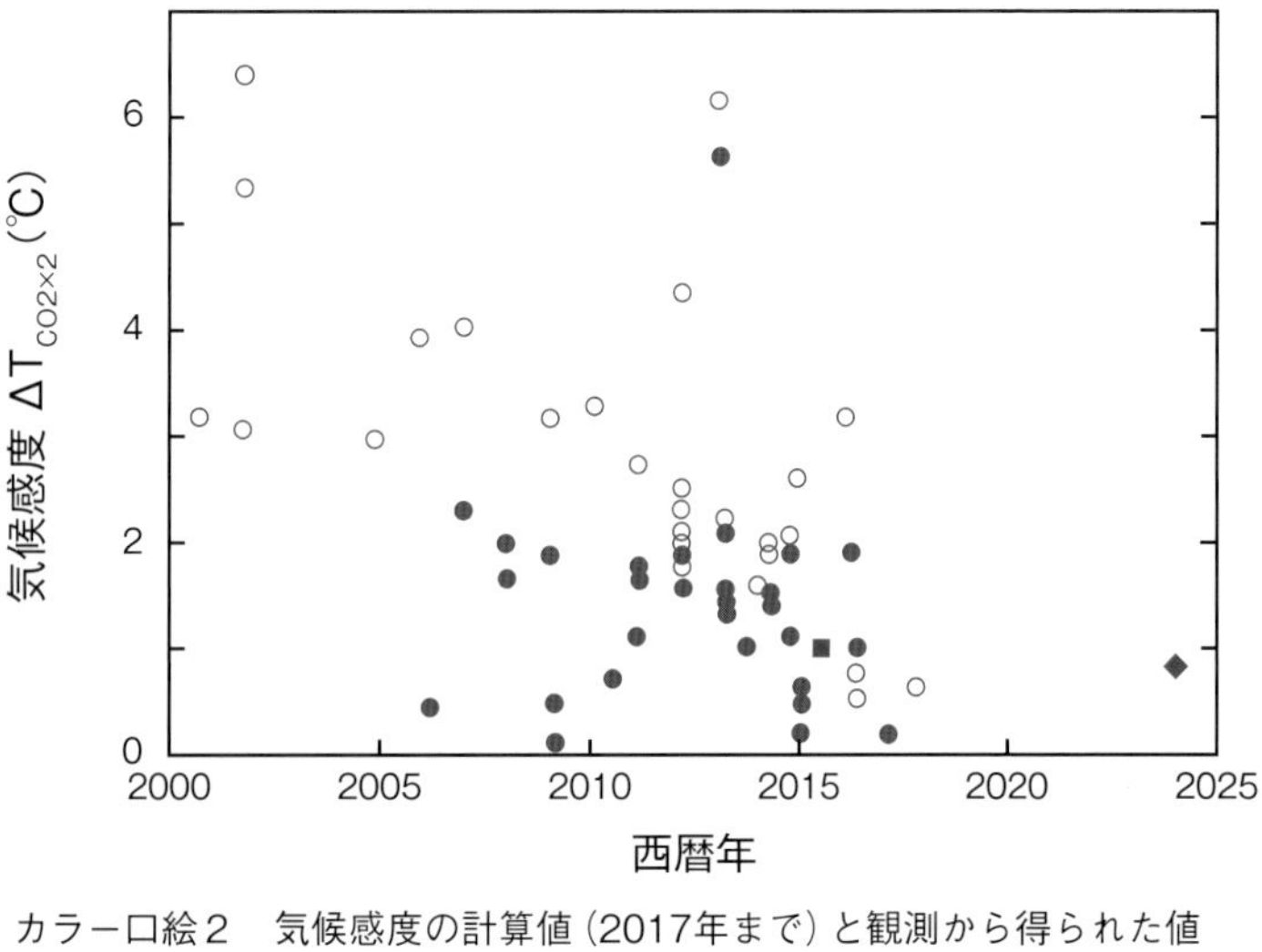

カラー口絵2　気候感度の計算値（2017年まで）と観測から得られた値

計算値：○平衡気候感度、●過渡的気候感度 リチャード2017。
観測から得られた値：■オリィラ2016、◆深井・杉本2024

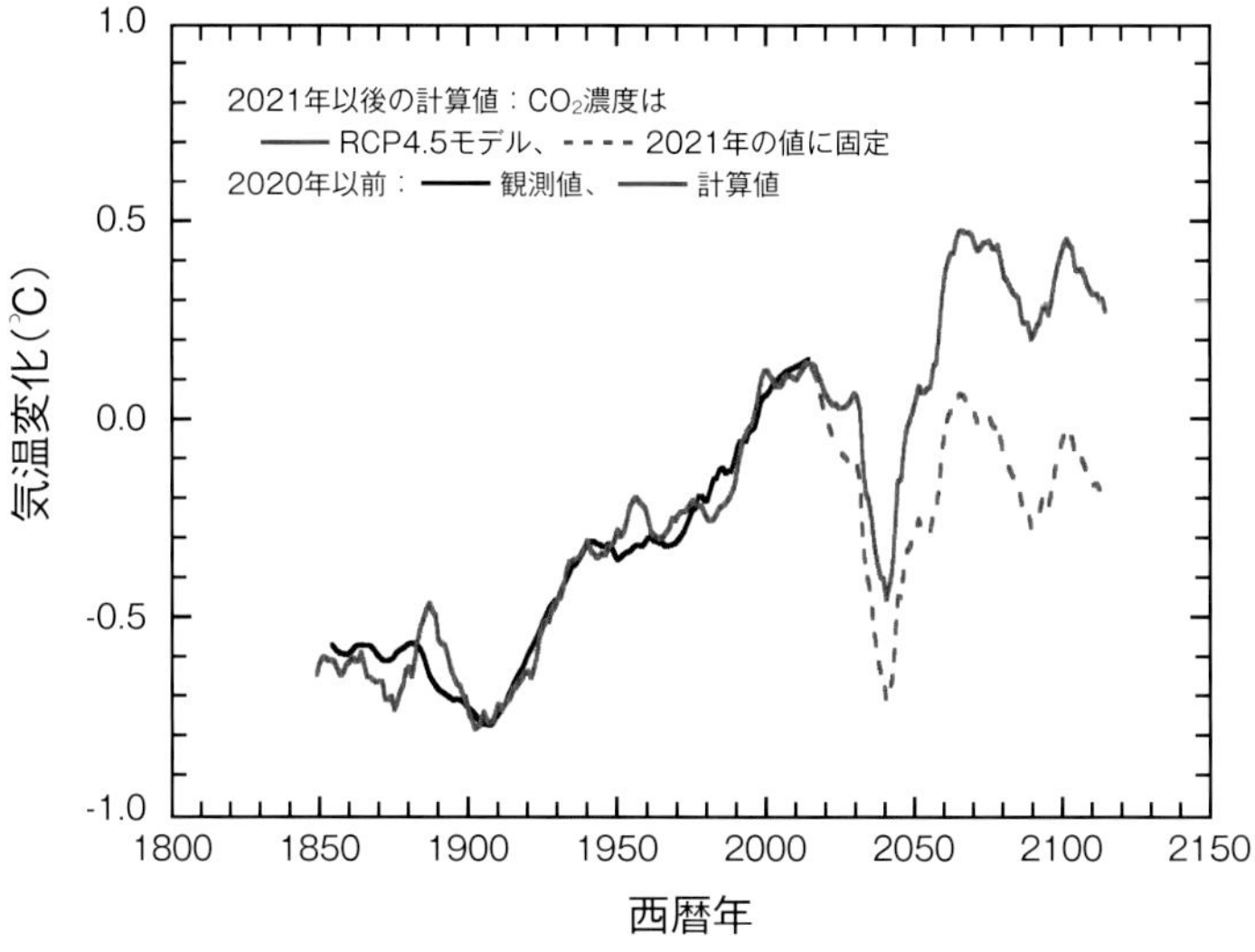

カラー口絵３　新理論による今後100年間の気温予測

2020年以前は、黒線：観測値の11年移動平均、赤線：新理論によるフィッティング（計算値）。2021年以後は新理論による予測値で2本の曲線は、上側赤線：CO_2濃度をIPCC5-RCP4.5モデルにしたがって増加させたとき、下側赤破線：現在の値に固定したときを表す（深井・杉本2024）

カラー口絵４　日本の小氷河期（ダルトン期）

駿河国（静岡県）蒲原の冬景色（歌川広重「東海道五拾三次之内」、1832年より）
（出典：パブリックドメイン）

まえがき

国連機関IPCCがCO$_2$温暖化論を唱え始めてから20年あまりが経ち、地球温暖化を止めよう、CO$_2$を減らそうという標語は巷に溢れて風景の一部となっている。CO$_2$温暖化論では、このままCO$_2$が増え続けると、いつか地球はひとが住めない灼熱地獄になってしまうと言う。これは世界中のマスコミによって喧伝され、とくに日本ではCO$_2$温暖化の教育が義務付けられていることも手伝って、人々はそれに十分な科学的根拠があるものと信じ込み、何の疑いも持たないように見える。確かに、大気中のCO$_2$は産業革命以来ふえ続け、世界の平均気温は1900〜2000年にかけて上昇し続けていた。大気中のCO$_2$が太陽熱の一部を貯える作用（温室効果）をもつことは理論的に知られていたので、この気温上昇がCO$_2$の温室効果によると考えられたのも無理はない。先ごろノーベル物理学賞を受賞した真鍋淑郎らの計算（1965、1967）がこの気温上昇とよく合っていたこともCO$_2$温暖化論を支持するものとされた。

地球科学の片隅で唱えられていたこのCO$_2$温暖化論は、1988年に設立されたIPCCが世界の直面する重要課題として取り上げたことで俄かに注目の的となり、先進国と途上国の新たな対立も生み出して、世界の政治・経済を揺るがす大問題となっていった。途上国の言い分は「これまでの地球

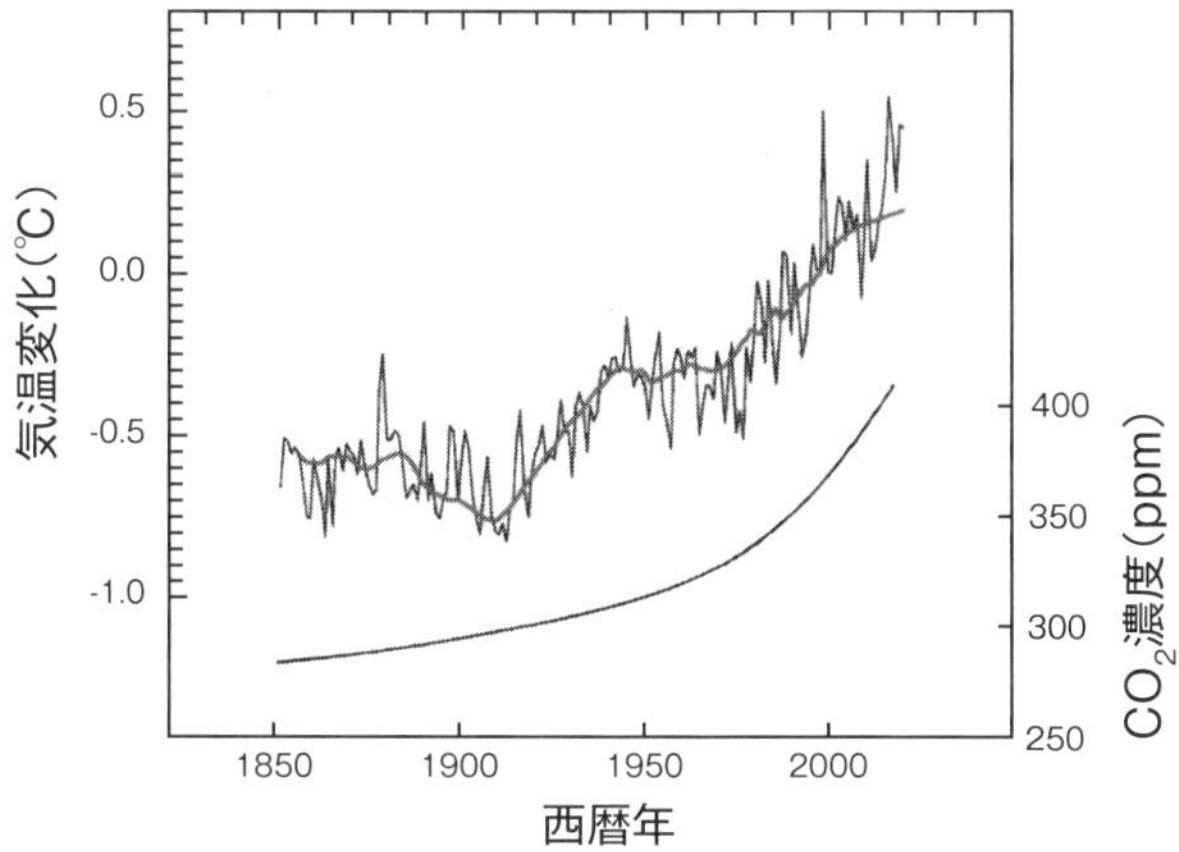

図0-1　最近170年間の気温と CO_2 濃度の経年変化

気温の細線は観測値で、太線はその11年移動平均。観測値としては、1979年以前はHadCRUT4, 1979年以後はUAH衛星によるデータを使い、1981－2010年の平均気温を合わせるようにつないである。CO_2 濃度は南極ロードームコア・データの時間をずらしてマウナロアのデータ（1958年以後）につないだもの。気温は階段的に上昇している。2000年以後はエルニーニョ・ラニーニャ現象による振動が激しくなっているが、平均としては頭打ちになっている。

温暖化は先進国の CO_2 排出によるものであり、現在の経済格差も先進国の責任である」というもので、途上国にとって CO_2 温暖化論は先進国から経済的援助を引き出すための大義名分・打ち出の小槌となっていったのだ。その要求は止まるところがなく、果てしないせめぎ合いが続いている。

ところが、よく見ると、自然は CO_2 温暖化論の筋書き通りに動いてくれてはいないのだ。過去170年間の地球平均気温と CO_2 濃度の変化（**図0–1**）を見ると、CO_2 は単調に増え続けているのに気温は階段状に変化している。直近2000年以後には激しく変動するようになって、上昇率は平均として1／5位に小さくなっている。ＩＰＣＣは、これは何らかの原因で温暖化が一時的に止まったのだと見なしてハイエタス（ギリシャ語でお休み、一時休止の意）と呼ぶことにしたのだが、それから4半世紀経った現在でもハイエタスが終わる気配はない。これを見ると、平均気温にはCO_2による温暖化以外の自然要因の寄与がかなり大きいことが分る。

その後、CO_2がもたらす温室効果については数多くの計算がなされた。**カラー口絵1**は最近50年間（１９８０～２０３０年）における平均気温の計算値68個を観測値（海水温と衛星データ）と比較したものである。2種類の観測値は互いに良く一致していて、明らかな頭打ち傾向を示している。一方、計算値は大きくバラついていて、全体に観測値に比べて高過ぎており、その乖離は年を追うごとに大きくなっている（詳細は５・１節参照）。気温の計算値が高過ぎるのはCO_2の温室効果を大きく見積もり過ぎたからである。

カラー口絵2はCO_2の温室効果の目安としてCO_2濃度を2倍にしたときの気温上昇（気候感度と呼ばれる）の計算結果を集録したものである。バラツキが大きくて計算の信頼性が低いことは明らかである。観測から得られた値（オリィラ２０１６、深井・杉本２０２４）に比べて大き過ぎているのは、計算がCO_2の温室効果を大きく見積もり過ぎていることを意味する。（真鍋らの計算値（気候感度２～３℃）は１０００～２０００年の気温上昇率とほぼ合っていたのだが、図のバラツキの上限に近くて、これが信頼できる値とは考えにくい。）

カラー口絵3はこの本で紹介する新しい気候の科学による気温の計算結果（第5章）を観測値と比較したものである。過去170年間の階段的な気温変化は計算でよく再現されている。今後の予測は太陽活動が弱まることによる気温低下がCO_2による気温上昇を打ち消すことで、100年後までほとんど温暖化は起こらないことになっている。CO_2温暖化を仮定した従来の理論とは全く違って、むしろ寒冷化に備えるべしということになっているのだ。

実は、CO_2温暖化論には、その出発点から根本的な誤りがあった。一般に地球のもつ性質は多くの要因が絡み合って決まるものなのだが、IPCCのCO_2温暖化論は気候が大気中のCO_2濃度という単一の要因で決まると仮定して、他の要因をすべて無視している。そのような仮定が正しいという保証は何もない。実際、地球の誕生以来46億年の間に気候は氷河期・間氷期を繰り返すなど大きく変動していて、それが大気中CO_2濃度の変動によるものでないのは周知のことなのだ。

このように非科学的なCO_2温暖化論をIPCCが採用したのは、気候変動が東西冷戦後に取り組むべき世界的課題としてふさわしいものにするための筋書きとして必要だったからである。この政治的理由のために、気温の頭打ちが起こってもCO_2温暖化論の旗印を下ろすことができずにいるのだ。しかし、CO_2温暖化教の教義を護るために科学を否定する行為は、ガリレオ・ガリレイを弾圧した中世の教会と何ら変わらない。現代では、CO_2温暖化仮説が科学として否定されたら、それに基づく政策を改めるのが当然だろう。

だが日本政府は「未来の地球のために」という国連の掲げた「崇高な」目標に協力するために身を削ることを国民に強い続けている。温暖化対策への支出は国家予算の10％以上になって日本経済に及ぼす悪影響は一世帯当たり20万円になると見積もられている（深井２０１５）。これまでの「失われた30年」の間に日本経済が衰退の一路を辿った一因は、日本がこの負担を一手に背負い込まされたことにあると考えられる。

米国に移住した地球科学者・赤祖父俊一は、その著書『正しく知る地球温暖化――誤った地球温暖化論に惑わされないために』（２００８）の「はしがき」で述べている。「日本を離れて国際的観点から眺めていると、政官民一体となって『地球温暖化問題』について騒ぎ立てているのは日本だけではないかと思われるのである。……あえて極言することを許していただければ、日本の現在の状態は『米国前副大統領アル・ゴアを救世主として温暖化狂騒曲で踊っており、報道はその調子を鼓舞して太鼓を叩いている』としか表現のしようがない。」そして最終章では次のように言う。「自然は我々が理解しているものより、はるかに複雑極まりない。ＩＰＣＣのように自然がすべてわかっているとするのは、スーパーコンピュータを信頼しすぎる科学者の錯覚とおごりではないか。それは「机上の空論」と言える。ＩＰＣＣは自然を忘れてしまった。現在の気候変動の研究を本筋の気候学に戻さなければならない。科学の名において、この混乱を収拾できないと、科学そのものの信用と信頼が失われる恐れがある。」

全く同感である。残念なことに、赤祖父の著書から15年が経った現在でも、状況はほとんど変わっておらず、ＩＰＣＣへの批判はほとんどそのまま活きている。さすがに最近は行き過ぎた国連のCO_2削減目標が世界経済を破滅させるとの批判が高まりつつあるけれども、根本的な問題は経済的負担の大小よりもCO_2温暖化仮説そのものにあるのであって、正しい気候変動対策のためには正しい自然認識を持つことが大前提なのだ。そこで本書では、赤祖父の志を継いで、「現在の気候変動の研究を本筋の気候学に戻す」ことを目標とすることにした。

実は地球科学では、ＩＰＣＣがCO_2温暖化論を広める前から気候変動は太陽活動との間に強い相関をもつことが知られていて、太陽の科学の進歩に伴い、気候を左右するメカニズムの理解も着実に進んでいた。そして今、気候変動にとっては太陽活動が主役で、CO_2は脇役に過ぎないことが認識されるに至ったのだ。

ここではまず最新の太陽の科学に基づいて気候変動がどのように理解されるかを述べ、さらに今後の気候がどのように予測されるかを述べることにする。この新しい理論は過去２０００年間の気候変化をほぼ正しく再現することができるので、将来の予測もほぼ同程度に信頼できるものと期待される。過去１００年の気温変化に合わせたCO_2温暖化論がその前後（過去１０００年間と西暦２０００年以後）の気温を全く再現できないのとは比較にならない「すぐれもの」なのである。この理論によると、今後に気候は変動期から寒冷化に転じて、２０４０年ごろ谷になることが予測される。CO_2温暖化論の予測とは全く違う。今は一刻も早く気候変動対策を切り替えて、寒冷化への備えに取り組まなくてはならないのだ。

この本が、そのパラダイムシフトの一助となることを願ってやまない。

目次

第I部

気候の科学は大きく変わろうとしている

第1章

気候はどのように変動してきたか

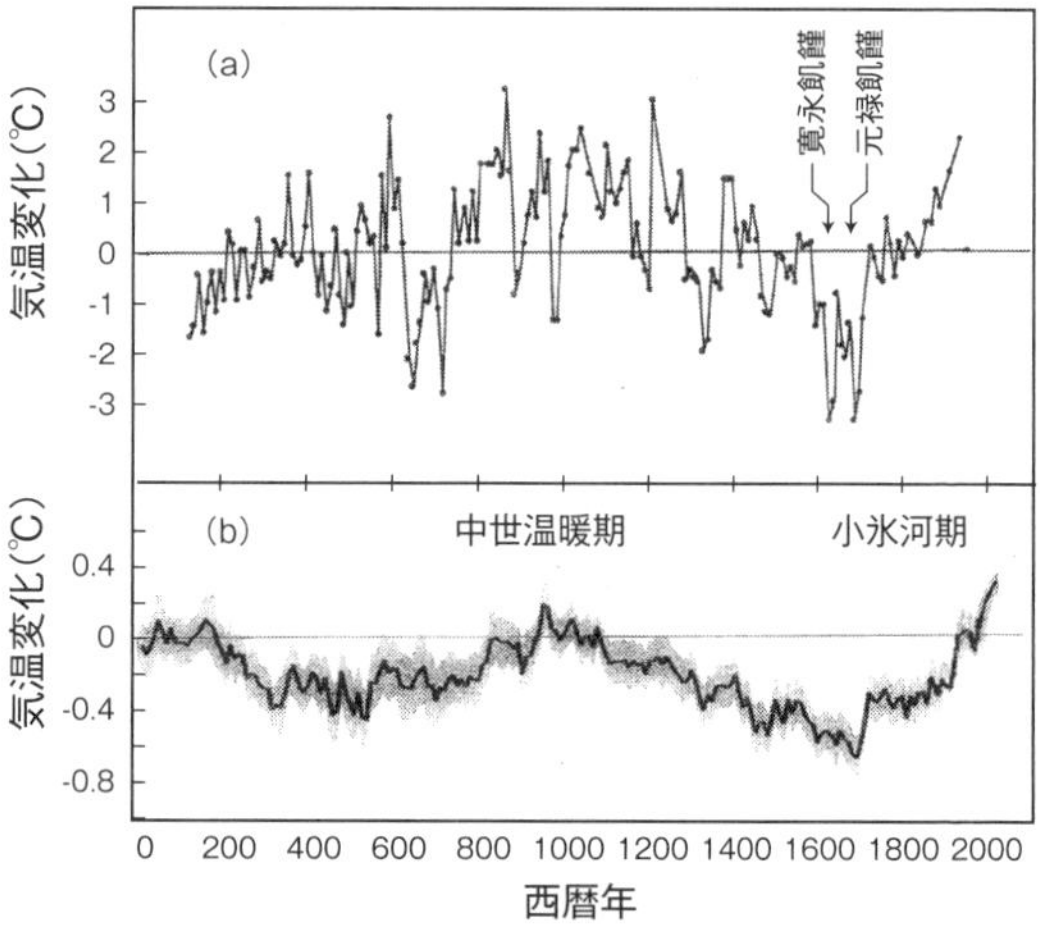

口絵１　過去2000年間の平均気温変化

(a)　屋久杉の年輪から抽出した炭素同位体^{13}Cを指標として得たもの（北川、松本 1995)。

(b)　北半球での多くの地点での各種の指標から得た結果を合成したもの（リュンクィスト 2010)

最近とみに喧伝されている産業革命以後のCO_2増加による温暖化は、気候の科学における一つの仮説であるが、それがどの程度のものか直接に検証されたことはない。気候は多くの要因によって変化し続けているので、その中から人為的なCO_2の影響を区別して取り出すことはできないからだ。CO_2温暖化を知るためには、まず自然要因による変化を知らなくてはならないのだ。

ここでは現在から過去に遡って、地球の気候変動（気温変化）を辿っておくことにする。

1・1　気候の歴史——いま氷河期の入り口に立っている

▼170年前からの気温変化

過去170年間の世界の平均気温変化（**図0―1**）を見ると、世界の気温は数10年ごとに階段的に上昇してきたが、2000年頃からは上下に激しく変動するようになり、様子が明らかに変わってきている。

日本の平均気温は2016年、2019年、2020年と最高記録を更新してきたのだが、その冬には突然、大寒波が襲来して、関越道や北陸道では大雪で1500台もの車が丸2日間も立往生させられた。この寒波は日本だけのことではなく、北米大陸の雪はカナダ全土を覆い、米国テキサス州にまで及んだ。東海岸では大雪で交通が麻痺し、大停電が起こり、死者が出た。ヨーロッパでも寒波は地中海地方にまで及び、ドイツやオランダ、デンマークなど中欧・北欧の国々は大雪に見舞われて、5月半ばになっても人々の待ち焦がれる「うるわしき5月」には程遠い状態だった。ところが6月には状況が一変し、北米大陸の西部は広く高温と乾燥に襲われて、山火事が頻発した。日本では九州から関東にわたる広域で1日に平年の1か月分を超える大雨が降った。同じころ、ヨーロッパでもドイツ・ベルギー・オランダ・オーストリアが100年来の大雨に見舞われて数100人の死者・行方不明者が出た。

実は、このような激しい変化は2000年頃から始まっていた。2009年4月に英国気象庁がそれまでの冷夏続きから一転して「今夏はバーベキューサマーになるだろう」という長期予報を出したところが見事に外れて冷夏となり、その夏7月には暖冬を予告したところがヨーロッパ全域に50年来という大寒波が襲来した。気象庁は国中から非難を浴びて、以来、長期予報は止めてしまった。そして次の寒波が数年後にやってきた。

ほぼ数年ごとに起こる、この気温の上下振動は、エルニーニョ・ラニーニャ現象と呼ばれるもので、南米チリ沖の海水温変化に伴って起こることが知られている。太平洋の赤道近くでは貿易風（東風）によって表面の暖かい海水が西に吹き寄せられているために、気温は西で高く東で低くなっているのだが、貿易風が強くなるとその流れが強くなり南米沖で冷たい海水が吸い上げられて気温が下がる。これがラニーニャ現象である。逆に貿易風が弱くなると暖かい海水が南米沖に溜まって気温が上がる。これがエルニーニョ現象である。不規則ながらほぼ数年おきに繰り返されるこのエルニーニョ・ラニーニャ現象のメカニズムはよく分かっていない。

過去170年間の気温変化の最大の特徴は、約60年ごとの階段的な気温上昇である。これは単調な気温上昇に60年周期の変化が付け加わったものと見られる。この周期的変化は北大西洋振動と呼ばれる海水温変化とほぼピタリと合っていて、ごく最近、これが更に大きな「極渦」と呼ばれる現象の一部であることが認識されてきた。

極渦とは極域に秋から冬にかけて発生する大きな気流の渦のことで、その外周（緯度50～60度）には強い気流が環流している。成層圏ではジェット気流、地上では偏西風が取り巻いて、寒気を極域に閉じ込めている（**図1-1**）。北半球では多くの場合に中心はカナダにあって、差し渡しは3000～5000kmに及ぶ巨大なものである。この極域大気構造（極渦）が強弱を繰り返すことは以前から知られていた。極渦が強い時には中心の気温は-80℃まで低下して外側と30～40℃の気温差を生じる。中心の気圧は低下して周囲の大気を引き寄せるので高緯度域の平均気温は上昇する。一方、極渦が弱い時には極域の寒気が南下して偏西風が蛇行する。近年、北半球でたびたび大寒波が襲来したのは極渦が2000年頃から弱まったためである。ヨーロッパと北米は2009年、2014～2015年、

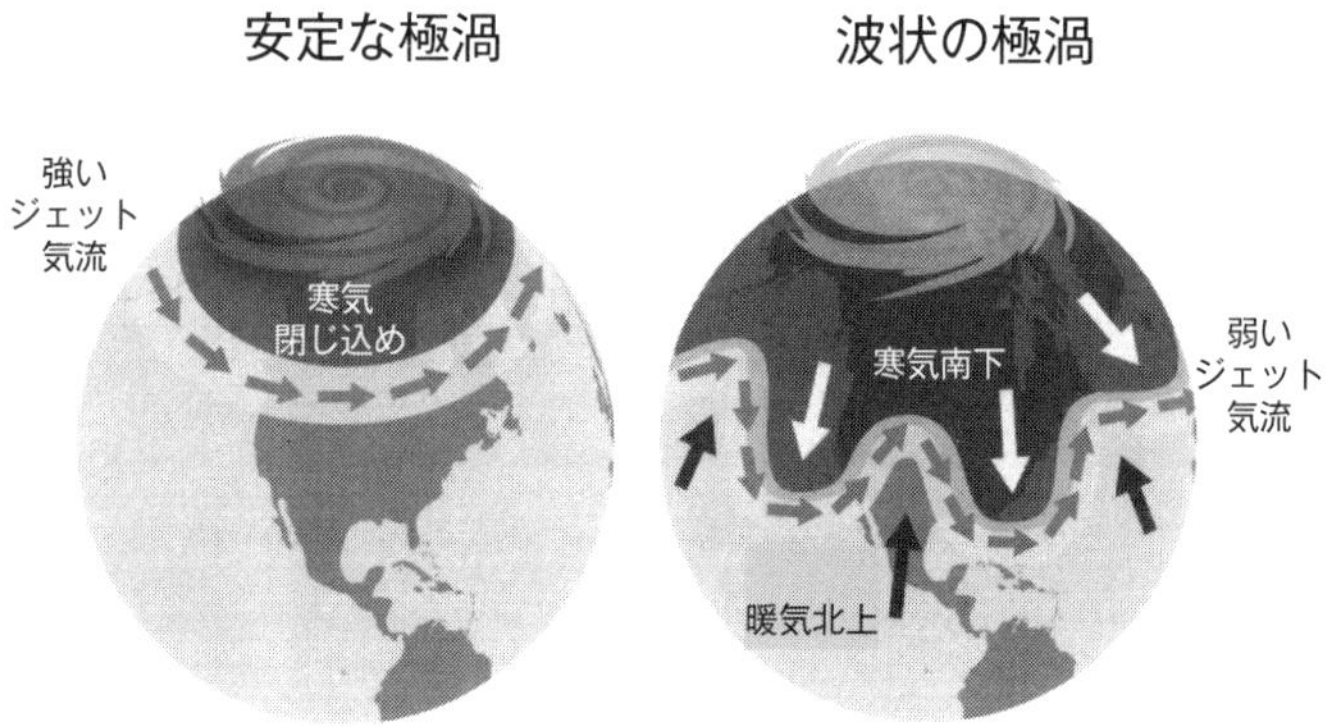

図1-1　極渦の構造

極渦は偏西風の環流によって極域に閉じ込められた大規模な低気圧の渦構造。(左) 極渦が強いと寒気が極域に閉じ込められるが、(右) 弱くなると中緯度まで波状に広がる (NOAA 2021)

２０２０〜２０２１年に大寒波に襲われて交通が麻痺し、大停電が起こり、死者が出ている。この時の寒波が日本にも襲来したのは記憶に新しい。極渦の影響がいかに広範囲に及ぶものであるかが分かるだろう。

極渦の周期変化は北大西洋振動（ＡＭＯ）を引き起こしている。北極から見ると、北氷洋と太平洋は陸地で隔てられているが、大西洋は直接つながっているので極域の変動が海水温に反映されやすいのだ。大西洋の海水温変化は地球全体の平均気温にも周期的変化をもたらす。**図１−２**は極渦の周期変化に伴うＡＭＯと平均気温の変化である。極渦の強弱は１８９０、１９２０、１９５０、１９８０、２０１０年を境に繰り返している。極渦が強い時には高緯度域と中緯度域の気温を上昇させ、弱い時には低下させることが平均気温の変化として見られている。

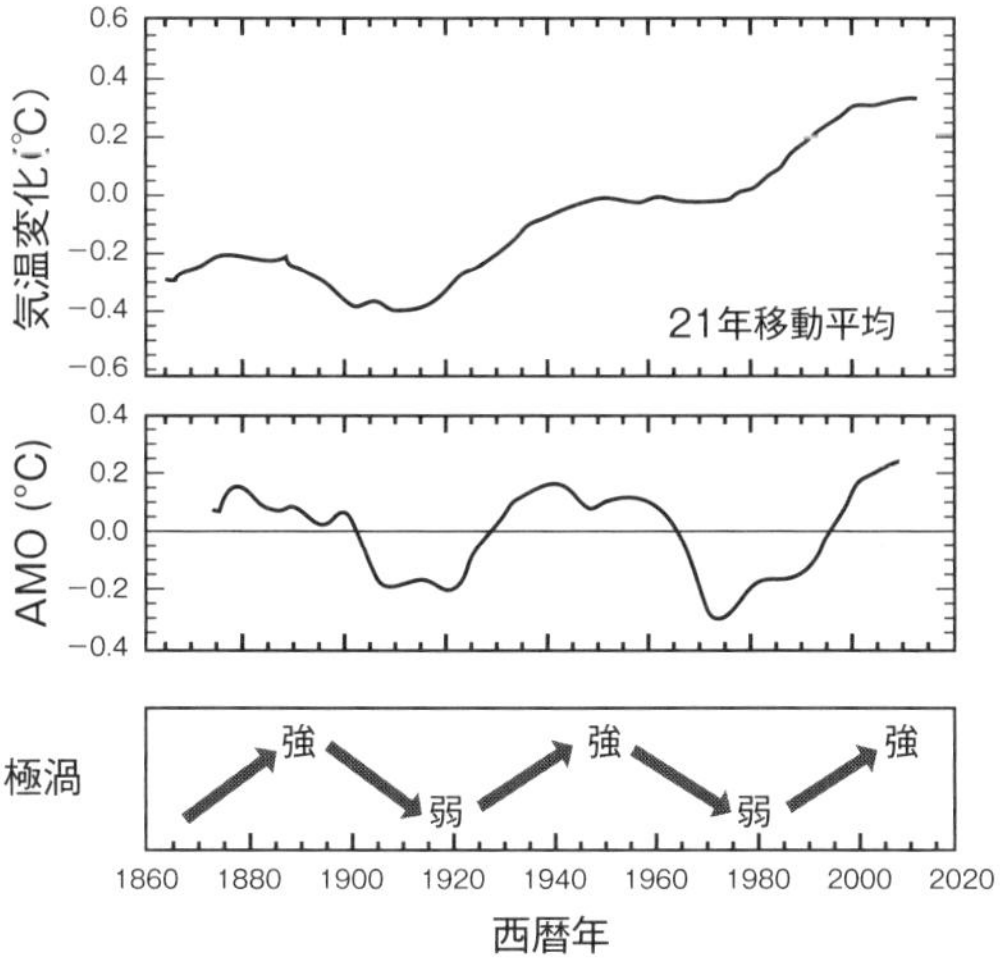

図1-2　極渦の周期変化

極渦は63年周期で強弱を繰り返し、それが北大西洋振動を通して地球平均気温の変化をもたらす。

問題はこの周期変化以外の成分、すなわち1900年から2000年にかけての約0・7℃の気温上昇が何によるのかということである。この気温上昇が1900年頃から始まっていることから、産業革命以後の大気中CO_2がもたらす温室効果によるという説が唱えられて、多くの人達に信じられているようだが、実はまだ十分に検証された訳ではない。何らかの自然要因が働いているかも知れない。そのことを頭に入れた上で、さらに古い気候を調べよう。

▼古い時代の気温変化(古気候学)

気温や降水量などの測定データが得られない古い時代については、何らかの残留物(指標)から気候情報を読み取ることになる。これは古気候学の領分である。指標として使われるのは主として同位体の存在比（水素ではＨ（軽水素）とＤ（重水素）、炭素では^{12}Cと^{14}C、酸素では^{16}Oと^{18}O）である（丸山・磯崎（１９９８）、渡辺・檜山・安成（２００８）など）。

口絵１に過去２０００年間の気温変化を示す。上図(a)は屋久島の杉の年輪の炭素同位体を指標として読み取ったもの、下図(b)は北半球での30箇所で、さまざまな指標から読み取ったデータを合成したものである。両者の概形はよく合っていて、１６００〜１８００年頃には寒冷期（小氷河期）[1]、１０００年前後と１０００年前後には温暖期（ローマ温暖期と中世温暖期）が見られる。近年の温暖化は３００年前の小氷河期からの回復過程であって、１０００年ぶりに温暖期が戻ってきたところなのだ。

1　１６５０〜１７００年頃のマウンダー期と、１８００年頃のダルトン期が重なっている。**図５−１**参照

この気温変動は米国の古気候学者フェイガンの著書（２０００）に記録されている。それによると、小氷河期は平均気温が低かっただけでなく寒暖の差が激しく変化したことで特徴づけられ、たびたび襲った酷寒の冬と冷雨の夏に、ヨーロッパの人々は飢えと疫病に苦しんだという。マウンダー期にはロンドン・テムズ川が２ヶ月にわたって氷結し氷の厚さは30㎝に達して、氷河期の再来ではないかと騒がれた。**図１−３**はそのときの氷上祭り（frost fair）の光景である。ただしテムズ川でこのような氷

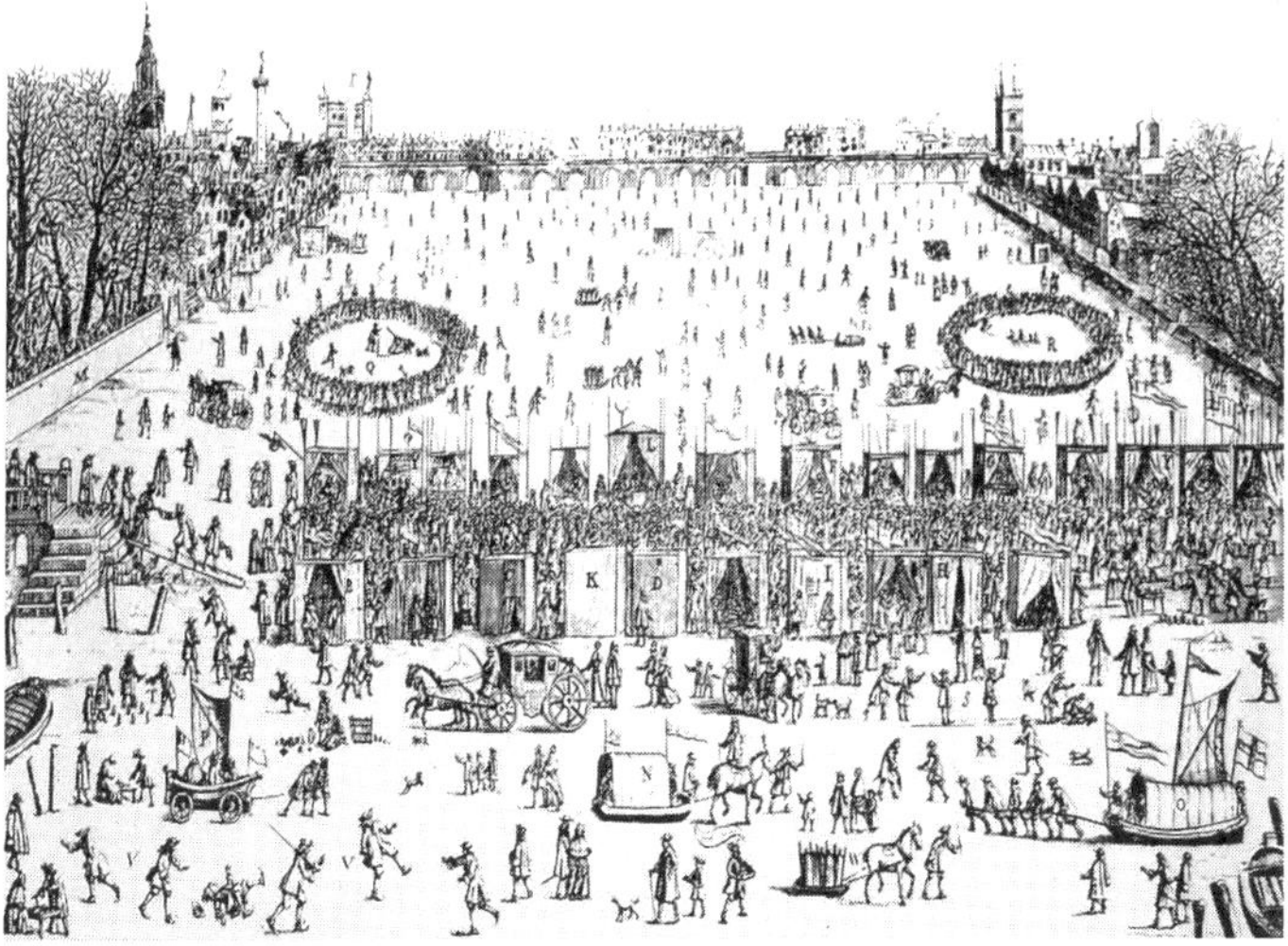

図1-3　1684年ロンドン・テムズ川の氷上祭り
小氷河期（マウンダー期）の風景（http://thames.me.uk/s0051.htm）

上祭りが開かれたのは16世紀には5回、17世紀には10回、18世紀には7回というから、冬のヨーロッパが毎年このように凍り付いていた訳ではない。一方、中世温暖期にはイギリスでワインが作られ、グリーンランドでは農耕が営まれていた。

日本でも大きな気候変動があって、平安時代から鎌倉時代にかけての高温期にはたびたび干ばつが起こり、江戸時代の低温期には冷害による飢饉が頻発した。**カラー口絵4**は広重が1832年に描いた「東海道五十三次」の中の「蒲原」風景である。これは小氷河期の終わり近いダルトン期に相当するが、その頃には今は温暖な蒲原（静岡県）もたびたび雪に埋もれることがあったのだろう。このような気候変動と日本の歴史との深い関わりについては田家の著書（２０１３）に詳しく述べられている。

口絵1で注意すべきことは(a)図と(b)図での気温変化の大きさがかなり違うことである。現在（１９６０年頃）に比べて、小氷河期の気温低下は(a)図では約４℃であるのに対して(b)図では約０・７℃しかない。この違いの主な原因は、(b)図のように多くのデータを合成する際には空間的な分布と時間的変動が平滑化されてしまうことにある。テムズ川の氷上祭りの記録を見ても、このときの気温低下が０・７℃しかなかったとは考えられない。一方、(a)図では元となるデータが屋久杉６本分なので、統計的なバラツキが大きいという難点はあるのだが、日本での気温変動の大きさはほぼ正しく求められていると考えてよかろう。実際、古文書に記されたヤマザクラの開花日から京都の春３月の気温を復元することで、マウンダー期の気温は現在より2～３℃低かったと結論されている（青野・数井２００８、青野・斉藤２０１０）。マウンダー期の気温低下には大きな地域差があるが、そこでは温暖期と寒冷期が繰り返されていて、寒冷期の気温低下は平均値の数倍に及ぶものであった。この小氷河期の特徴は重要なことである。

もっと古い時代、１００万年前までの気温は、大陸氷床のボーリングで採取した氷の試料（氷床コア）の水素と酸素の同位体組成を指標として求められている。南極エピカドームＣコアから得られた35万年前までの気温（**図1－4**）を見ると、氷河期・間氷期はほぼ10万年周期で繰り返しており、氷河期・間氷期の気温差は10℃以上に達する。その時間変化は鋸刃状、すなわち氷河期から間氷期への移行

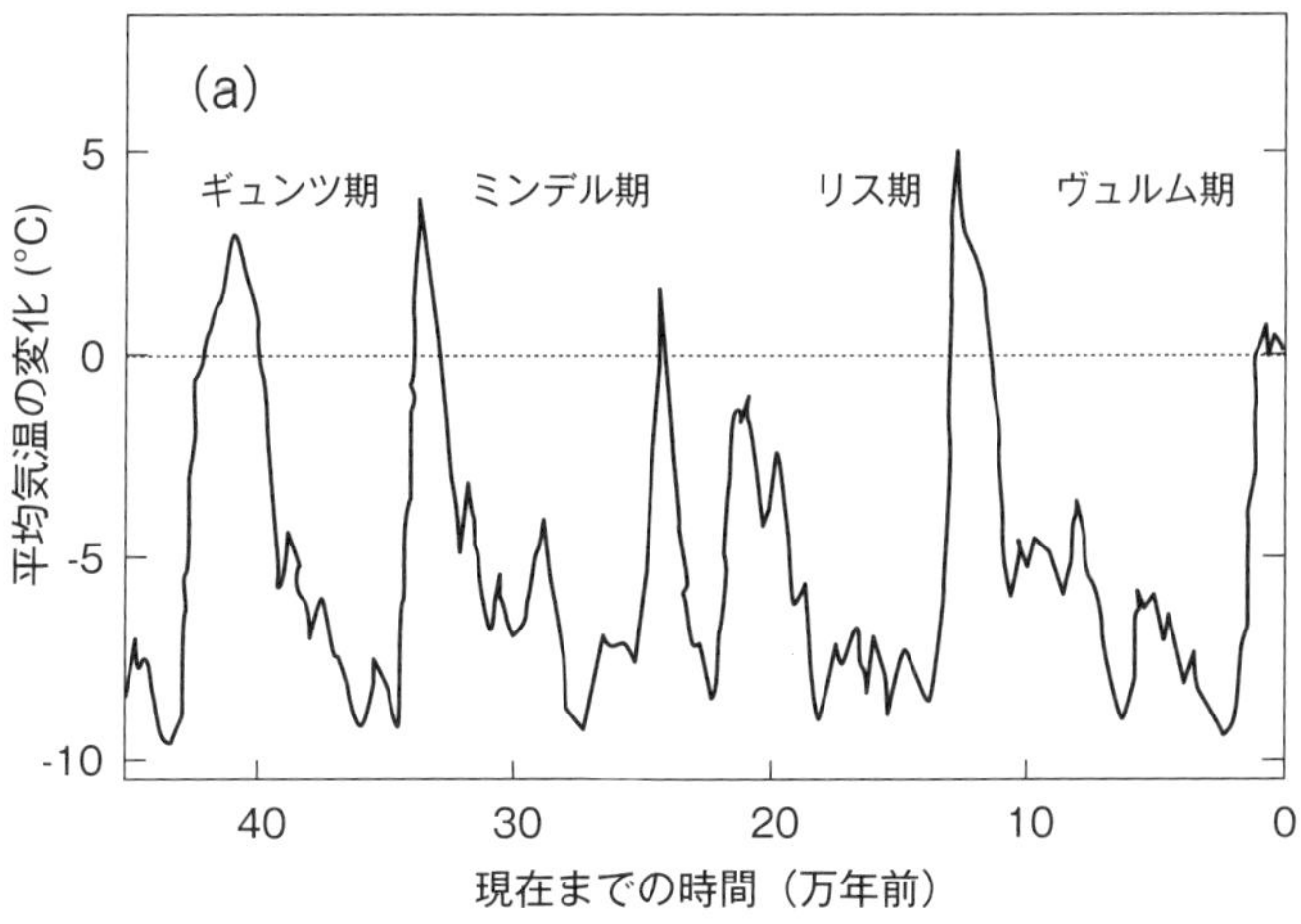

図1-4　45万年前からの気温変化
南極氷床のエピカドームCコアから得られた45万年前までの気温変化、間氷期の呼び名も記入してある（エピカチーム2004）

は速く、氷河期への移行は比較的ゆっくりと起こっている。

この気温変化は、地球の気候システムに2つの安定状態があって、その間を行ったり来たりしていることを示している。どちらかと言うと氷河期のほうが安定なので長続きし、間氷期は不安定なので短期間に壊れてしまうのだろう。

現在の間氷期は他の間氷期に比べると変動の小さい温暖な期間が例外的に長続きしていて、すでに1万年を越えている。いつ寒冷化に転じてもおかしくない。また以前の間氷期には現在より高温になったこともたびたびあったが、すぐ氷河期に戻っている。

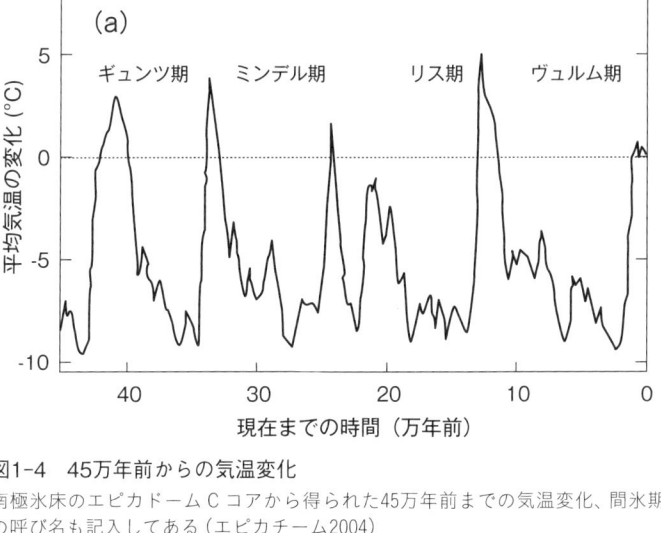

ところで、氷河期の地球の気候はどのようなものだったのだろうか。**図1-4**を見ると、南極での気温は現在に比べて約10℃低かったこ

とになるが、だからと言って地球全体の気温がそれだけ低かったということではない。氷河期には北米大陸とユーラシア大陸の北半分は１０００ｍ以上の厚い氷床に覆われていたが、中緯度地帯にはほとんど氷河はなかった。日本では本州で標高２４００ｍ以上、北海道で１４００ｍ以上に氷河ができていた程度である。一般に、気温の変動は極地方で大きく、極から離れるにつれて小さくなる。氷河期・間氷期の気温差は中緯度では５℃程度、赤道付近では２～３℃と推定されている。氷河期の地球は決して全体がガチガチに凍っていた訳ではない。

このように、地球の気候システムは安定なものではなくて、いつも変動していることが分かる。その変動要因はまだ十分には解明されてはいないが、かなりよく分かってきている。

１９９０年代には氷床や海洋底コア試料のデータが示す古い時代の気温の周期変動は太陽からの流入エネルギーの変動で説明できるのではないかという指摘がされて、俄かに関心が高まった。氷河期・間氷期の繰返し周期は１９２０年にユーゴスラヴィアの天文学者ミランコヴィッチが行った予測とよく合っていたのである。地球は太陽の周りを楕円軌道で公転しているが、その形は他の天体の作用によって約10万年周期で僅かに変化する。また地球の自転軸も４万年周期で僅かに変化する。この変化にともなって地球が太陽から受ける熱量も周期的に変化することになる。ミランコヴィッチ・サイクルでの流入熱量の変動は小さなものだが、それが長期にわたって蓄積されると気温変動をもたらすというのだ（たとえば渡辺・檜山・安成２００８、宮原２０１４参照）。

また１００〜２００年ごとの変動も、惑星運動に伴う太陽の状態変化がもたらすものという理解が進みつつある。これについてはのちに詳しく述べる。

１・２　気温データは要注意

地球の平均気温は地球上の多くの場所でのデータを平均して求めるのだが、気温は場所によって大きく異なるので、その作業は容易なことではない。気温が比較的温暖な日本でも夏と冬の違いは25℃近く、時には１日のうちに10℃変化することもある。極地と赤道の違いは80℃に及ぶ。ところが**口絵1**に示した平均気温データのバラツキは０・１℃程度で、１００年間にわたる系統的な変化が明らかに読み取れる。果たしてこのようなことが可能なのだろうか。平均気温データはどこまで信頼できるのだろうか。まずこの問題を検討しておかなくてはならない。

▼地球の平均気温を正しく求めるには

地球の平均気温を求めるための伝統的な方法は、陸上と海上での測定データを集めて平均値を求めることである。ただし「平均をとる」操作は単純ではない。観測点は一様に分布している訳ではないし、とくに海上のデータは船舶に頼っているので分布が大きく偏り、数も少ない。そのような事情を考慮して、適当な重みをつけて平均値を計算することになる。

英国のハドレー気象研究センターとイーストアングリア大学気候研究所（ＣＲＵ）は陸地と海上を含めて約４０００の観測点のデータから陸地、海上、地球全体の平均気温を求めておよそ5〜8年ごとに改訂版を報告している。それによると、海水温には地域によっていくつかの振動現象が見られる。南米チリ沖には2〜3年周期の気温変化（エルニーニョ・ラニーニャ現象）を引き起こす水温変化があり、また太平洋には約10年周期、北大西洋には約20年周期の水温変化がある。海面温度はこれらを平均して求めることになる。このデータ（HadCRUT データシリーズ）の大きな特徴は、陸地のほうが海上より高温になっていることで、その差は年を追って大きくなり、２０００年以後ではかなり顕著になる。海洋面積は陸地の約2倍あるのだが、それでも全体の平均気温は陸地データに引きずられて昇温傾向が強調されることになっている。この陸地と海洋の温度差は、永いこと論議の的になっていた。

気象衛星による気温測定は、この問題を解決した革命的な方法である。気象衛星は高度８００㎞で地球全体を周回しながら地表付近の気温データを送り続けるので、地球全体の平均を求めるには地上観測よりも原理的に優れている。こうして得られる気温の経年変化は海水温データとよく一致している（**カラー口絵1**参照）。

陸地データが高く出過ぎる原因は温度計の置かれた環境の変化（都市化の影響、ヒートアイランド効果）によるものであることが知られている。これについては後に述べる。

気温測定にはこのような問題が付きまとうので、よほど注意してかからなくてはならない。衛星データが得られるようになった１９７９年以後は、それを使うのがよい。HadCRUT シリーズのデータは、平均操作に含まれる曖昧さを完全に取り除くことはできないので要注意である。とくに都市化の影響が強く現れる１９８０年以後の陸地データ（及び全球平均）は使うべきでない。気温測定に関するさまざまな問題については５・１節で改めて述べる。

第2章

気候の主役と脇役

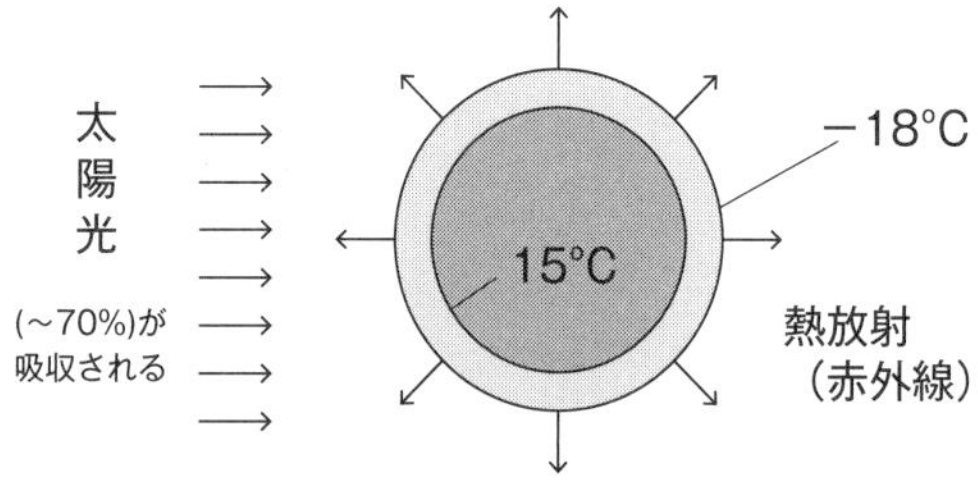

口絵２　地球の熱収支の概念図

太陽から入射したエネルギーの70％が吸収され、それと等量のエネルギーをもつ赤外線が放射されて定常状態が保たれている。その間、地表から放射された赤外線の大部分が大気に吸収されることで地表付近の気温が高くなる。

2・1　気候の主役——太陽・大気・水のはたらき

地球の気候は太陽熱が大気と水の状態をさまざまに変化させることで決まっている。

大気に包まれた地球に太陽光が入射したときの熱収支を**口絵2**に示す。大気圏は地表から10kmまでが対流圏、10～50kmまでが成層圏とよばれ、その厚さは地球の直径の約1000分の1だから薄皮のようなものだ。気象現象はもっぱら雲が発生する対流圏で起こる。

地球に入射する太陽光のエネルギーの約30％は反射され、70％が大気と地球（表面）に吸収されてそれを温めるが、やがて赤外線として放出される。入射エネルギーと同量のエネルギーが放出されることで全体としては出入りがなく、地球の状態はほぼ一定に保たれる。この状態では、大気に貯えられた熱のために気温は地表付近で高くなり、大気上層に行くにつれて低くなっている。地表の平均温度は約15℃で、地表付近での気温低下率は1km当たり約6・5℃である。このように標高が高いほど気温が低いことはよく知られているだろう。こうして地球を外から見たときの温度は約−18℃だが、地表温度は約30℃ほど高くなっていて、そのお陰で地表に水が存在でき、われわれは程よい環境で生活することができるのだ。この大きな気温差が生じるのには二つの原因がある。（1）地表で温められた空気が軽くなって上昇する際の体積膨張に伴って気温が下がり、上空から冷えた空気が下降する際の圧縮に伴って気温が上がること（大気の保温効果）と（2）地表から放出される赤外線をH_2OやCO_2などの分子が吸収して熱エネルギーを貯える温室効果である。

最近、この大気の保温効果が「CO_2の温室効果」と混同されることがよくあるようなので注意しておきたい。これらは別の物理過程なのである。これは「地球温暖化」問題の核心となる物理現象なので付録２「温室効果とは何か」で詳しく説明をする。

２・２　気候変動はどうして起こるのか

これについては後で詳しく考察するのだが、それに先立って、取り組むべき問題の概略を説明しておくことにする。

まず過去１７０年間に起こった温暖化のメカニズムである。最近は、これをCO_2の温室効果によるとするCO_2温暖化論が席巻しているが、それ以前の時代に自然要因による大きな気候変動があったことを考えると、この時代にも何らかの自然要因が働いていたと考えるのが自然だろう。仮にその温暖化の半分が自然要因によるものだとしたら、世界を動かしている脱炭素キャンペーンの「２１００年の気温上昇を１・５℃以下に抑える」などという目標は根拠を失うことになる。自然要因を明らかにすることは、気候の科学としてだけではなく世界経済をも左右する重要な問題なのである。

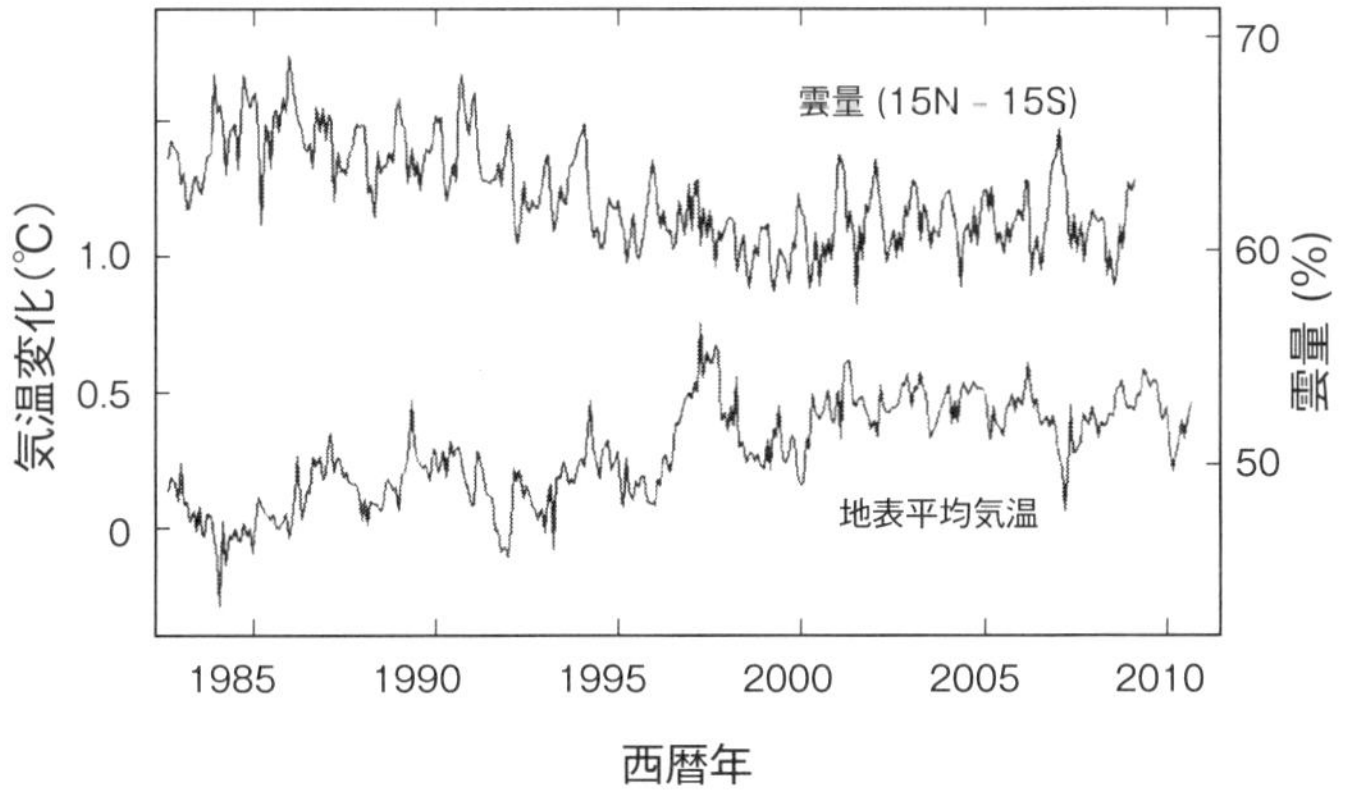

図2-1　平均気温と雲量の経年変化 (1980〜2010)

地球平均気温はHadCRUT3、雲量は熱帯 (15°N 〜15°S) での気象衛星ISCCP測定による (www.climate4you.com/ClimateAndClouds.htm; Science Daily, Press Release for Svensmark et al. (2015) *Nature Communications*)

自然要因としては、2000年以後の気温の頭打ちについて、最近、その機構を知る手掛かりが得られた。**図2−1**は衛星観測によって得られた熱帯の雲量と地球の平均気温の経年変化である。両者の間には明らかに負の相関がある(雲がふえると気温が下がる)。これは熱帯で発生した雲が広がって太陽光の反射がふえ、吸収される太陽熱が減ったことを表している。雲の気温への影響は雲の種類や高度によって違うのでいろいろ議論があったのだが、この衛星観測によって初めて確かな答が得られたのだ。この観測からは雲量変化がどうして起こるのかは分からないが、少なくとも気温を変化させる自然要因の一端が明らかになったことの意義は大きい。

さらに古い時代の中世温暖期や小氷河期は、以前には太陽活動の変化にともなう流入熱量変化によるものと考えられていた。それは太陽活動の目安となる黒点数変化に見られるマウンダー極小やダルトン極小が気温変化の谷とちょうど一致していたからである。しかしその後の衛星観測で、太陽活動によって黒点数は変化しても太陽からの流入熱量はほとんど変化しないことが知られて、この解釈は崩れてしまい、気温変化の原因は分からなくなってしまった（付録1参照）。太陽活動に関わってはいるのだが太陽からの流入熱ではない何らかの変動要因を探し出さなくてはならなくなったのだ。これが宇宙線であると確認されるまでの経緯は第５章で述べる。

２・３　気候の脇役・CO_2は地球の宝、生命の源なのだ

▼CO_2の歴史

約46億年前、地球が誕生したばかりの頃、それを取り巻く大気（原始大気）はCO_2を主成分とする金星大気（CO_2：N_2≈98：2）とよく似た組成で圧力は約80気圧と推定されている。その後、CO_2の大部分は石灰岩として海底に沈積し、一部は生物の光合成でO_2に変えられて、現在の大気組成（N_2：O_2：CO_2≈80：20：0・04）へと変化してきた。その過程では、地球が太陽から程よい距離にあって水が液体として存在できたために、炭酸塩を溶解し、生物を育むことができたのだ。地球より少しだけ

太陽に近い金星では液体の水が存在できないために、原始大気が今でもほぼそのまま残っている。

大切なのは、地球の大気が現在の状態になるまでにCO_2は80気圧から0・0004気圧（400ppm）まで、ほぼ一貫して減り続けてきたこと、そこでは生物が重要な役割を果たしてきた（果たしている）こと、現在の大気は決して最終的な化学平衡状態に到達した訳ではなくて、まだ変化し続けていることなどである。

この間、地球の表面状態も大きく変化した。昔の地表はほとんど海に覆われていて、そこに大陸と呼べるものが現れたのは19億年前、その大きさは地表面積の数%程度だった。その後、大陸は約10億年前から形を変えながら広がって、現在は地表面積の約30%を占めている。この間、マントル活動が活発なときには多くの火山ガスが放出され、たとえば5億年前の大気中CO_2濃度は数1000ppmに達していたと推算されている。その後はマントル活動が鎮静化して、CO_2濃度が現在とほぼ同じ水準まで低下した時期（1・5億年前と3億年前）は地質学から推定された寒冷期にほぼ対応している（**図2−3**参照）。

さらに時代が下がるとCO_2濃度は2400万年前までに約5000ppmから現在の水準（約400ppm）まで低下して、その後はほぼその水準に落ち着いているのに対して、気温はかなり違った形で不規則に上下しながら次第に低下している。両者の間にあまり相関は見られない。ところが２８０万年前からは両者とも４万年周期、80万年前からは10万年周期の変動を示すようになって相関は顕著になる。気温が上がるとCO_2濃度も高くなるのだ。これについては第３章で詳しく考察する。

▼地球における炭素循環——CO_2の果たす役割

地球ができてから今にいたるまで外界との物質の出入りはなかったので、構成元素は形と分布を変えながらそのまま引き継がれてきた。

図２–２aは現在の地球表面付近での炭素の存在量を陸域、海洋、大気に分けて記したものである。大気中ではCO_2分子（７５０Pg）として存在し、海水中には炭酸イオン（CO_3^{2-}）として溶け込んでいる。また陸域では、土壌中に炭酸塩として１５００Pg、植生中に炭水化物として６１０Pg存在する。そしてこれらは大気を介して移動（循環）しているのだ。ここで深層水中の存在量は非常に多いけれども移動には１０００年から数１０００年かかるので循環への寄与は小さい。岩石中にはさらに多く存在するが循環には全く寄与しないので書いてない。

図２–２bは人間活動によって大気中に放出されたCO_2の移動を示す。この場合には、より短期間での移動が問題とされる。毎年、人間活動によって大気中に放出されるCO_2の量（５・５Pg／年）は大気中の存在量（７５０Pg）の約１％に相当するが、その約１／２は陸地と海洋に吸収される。

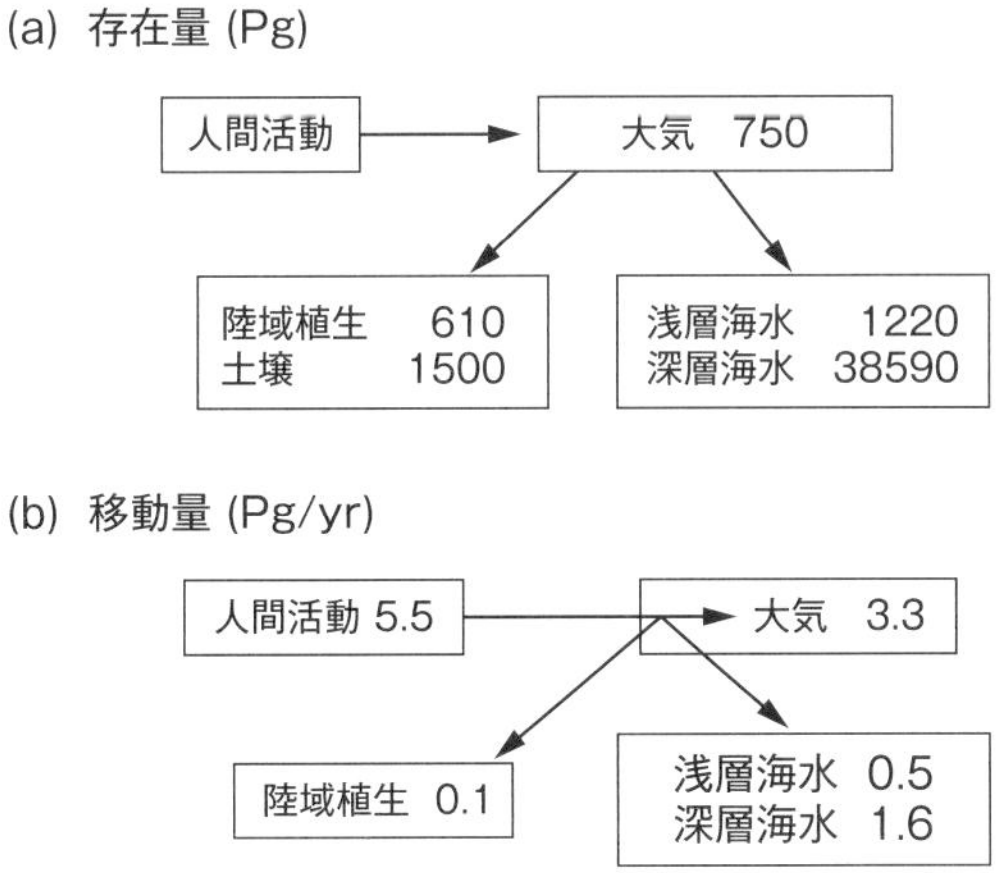

図2-2　地球の炭素存在量と移動

(a)　大陸、海洋、大気中の存在量と、その間の移動。

(b)　人間活動による大気中への炭素放出（CO_2 として）とその移動。1Pg＝10^{15}g＝1兆kg。（渡辺・桧山・安成編「新しい地球学」、名古屋大学出版会2008、一部改変）

こうして人間活動によって増やされたCO_2は、植生に好影響を与えることが知られている。衛星観測によれば大気中のCO_2の増加に伴って植生の被覆率は増えている。1982〜2010年の29年間に植生の被覆率は11％増加していたのだ（ドノヒューら2013）。さらに米国農業省の統計によれば、過去50年間に世界の穀物生産は3〜4倍に増加している！　もちろん、これは人口増加に対応するための努力によるのだが、温暖化とCO_2増加に支えられて初めて可能になったものと言えよう（8・1節参照）。

イネの生育に及ぼすCO_2濃度の影響を調べた実験によると、CO_2濃度が現在の400ppmの2倍になると成長は30％

促進されるが、逆に100ppm以下になると、ほとんど成長しない。植物にとって現在はCO_2濃度の低い受難の時代なのである。実は植物にとってCO_2が多いほど良いことは農業分野では周知の事実である。ハウス栽培に重油が欠かせないのは、保温のためよりはCO_2濃度を高めて成長を促進するためであって、CO_2濃度は2倍程度にするのが普通である。

大気中のCO_2が増えること自体には、益こそあれ些かの害もない。CO_2の増加が人体に害を及ぼすという話は事実無根であって、大気中濃度の数倍程度なら好ましい生理作用をもたらすことは周知の事実、ヨーロッパでは古くから温泉療法として親しまれてきたことである。

そもそもCO_2は地上の植物と動物の命をつなぐかけがえのない物質である。植物はCO_2と水から光合成によって身体を作り、酸素を放出する。動物はその植物を食べ酸素を呼吸して命をつなぎ、CO_2を放出する。この炭素循環によって地上の生命活動は営まれているのだ。CO_2がなければ植物（独立栄養生物）も動物（従属栄養生物）も生きてはいけない。CO_2について考えるときには、このことを決して忘れてはいけない。

図2－3に過去数億年の大気中CO_2濃度の変化とその間に起きたさまざまな出来事を示す。生物が爆発的な進化・発展を遂げたカンブリア紀は大気中のCO_2濃度が今より数10倍も高い時代だった。高いCO_2濃度に支えられて繁茂した植物の一部は埋もれて石炭や石油となった。巨大な恐竜たちが

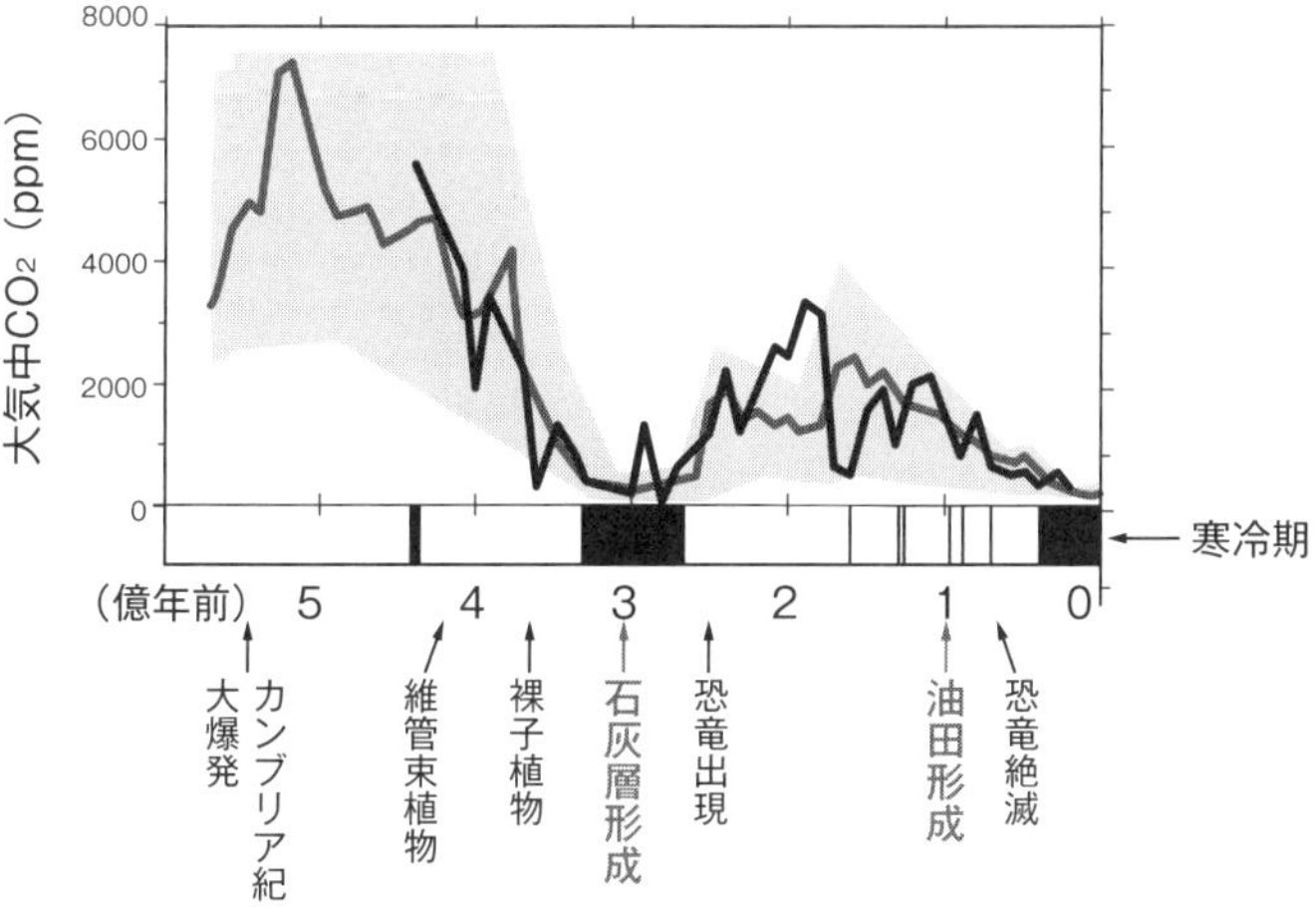

図2-3　過去6億年の大気中CO_2濃度変化

この間にCO_2濃度（約200〜数1000ppm）と気温は大きく変動し、動物・植物は大きく進化し、また石炭や石油などが形成された（ロイヤーら2004、一部改変）

隕石落下という思いがけない事件で亡びるまで1億年以上も繁栄できたのは繁茂した植物のお陰である。念のために強調しておくのだが、CO_2濃度が数10倍も高かった時代に地上の生物は繁栄したのであって、温室効果による高温で生存を脅かされることは一度もなかった。CO_2温暖化による灼熱地獄などは地球史に無知な人達の戯言に過ぎないのだ。

恐竜時代の高いCO_2濃度は活発な火山活動によって供給されていたのだが、それが途絶えてしまい、CO_2が石灰岩として地中に戻ってしまうと寒冷期が訪れた。現在は2度目の寒冷期でCO_2濃度は低くなり、植物にとっては住みにくい時代になっているのだ。植物が光合成に利用しているのは、地表に降りそそぐ太陽エネルギーのうちの僅か0・1％に過ぎないので、

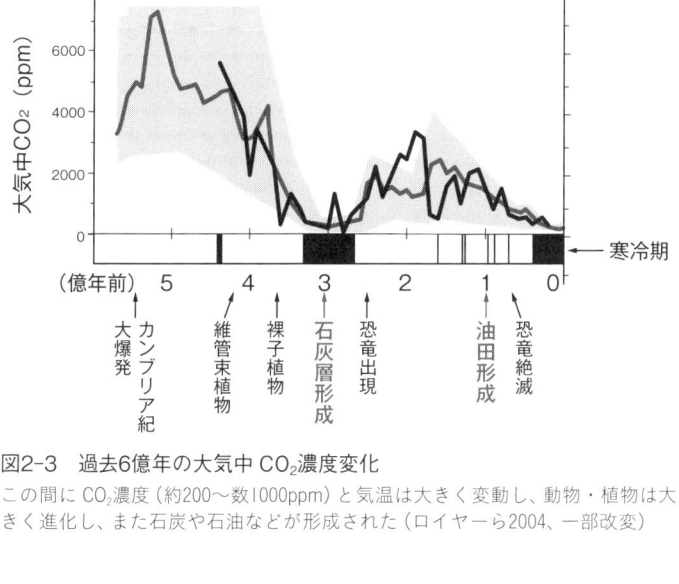

CO_2さえ十分にあればバイオマス生産はまだいくらでも増やせるはずである。

いま増え続けている世界人口を養うためには大気中のCO_2濃度を大量に増やすことが有効な筈だが、それは容易ではない。石灰岩を掘り出し分解してCO_2を作るには多量のエネルギーが必要だし、だからと言って化石燃料をどんどん燃やす訳にもいかない。どうやって大気中のCO_2を大量にふやすのか、これは誰も答を知らない問題なのだ。たぶん誰も真面目に考えたこともないだろう。ただ一つ確かなことは、従属栄養生物である人類は植物や藻類などの独立栄養生物なしには生きられない、そして独立栄養生物はCO_2なしには生きられないことである。人間がCO_2を減らそうとするのは、自然の摂理に反することなのだ。

第3章

CO_2温暖化論とは何か

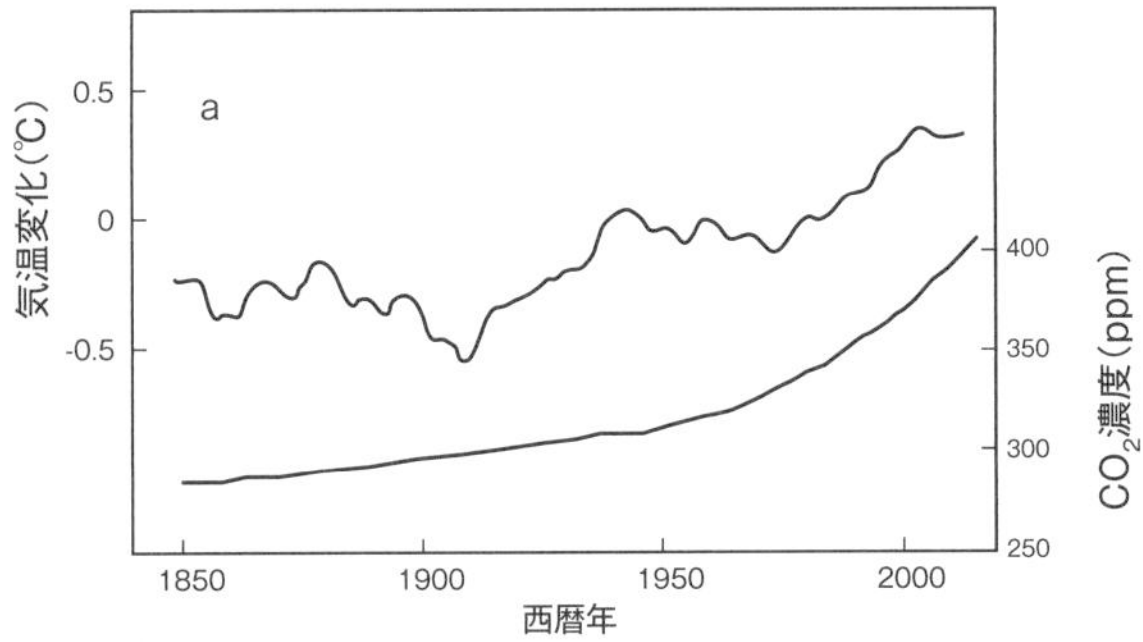

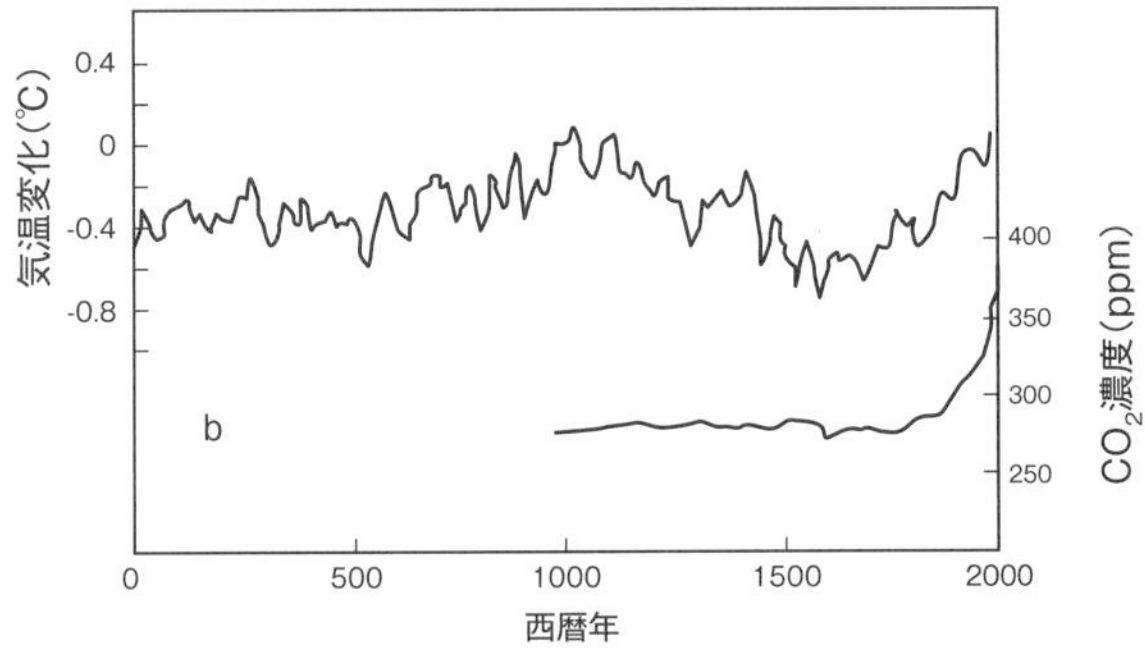

口絵３　気温とCO_2濃度の経年変化の比較

a．過去170年間（図0−1再録）。

b．過去2000年間について、気温はモーベリら（2005）、CO_2濃度は南極ロードームコア・データの時間をずらしてマウナロアのデータ（1958年以後）につないだもの。

大気中のCO_2濃度は場所と時間によって大きく異なるものだが、測定条件を選ぶことによって、その地球全体の平均を精度よく測ることに成功したのはチャールズ・キーリングの業績で1950年代のことである（深井2015）。こうしてCO_2濃度は産業革命以後2020年までの間に280ppmから410ppmまで増加し、さらに増え続けていることが分かった。

このCO_2増加に伴う温暖化がやがて地球の気候に破滅的な影響を及ぼすという言説（CO_2温暖化論）が流布され、多くの人々が信じ込まされているけれども、実はそれには十分な科学的根拠がなく、CO_2削減（脱炭素）キャンペーンへの巨額の投資は人類の富の浪費である可能性が高いのだ。本章では、このことを説明しようとする。

3・1　科学としてのCO_2温暖化

▼CO_2の温室効果

問題は、CO_2濃度増加がどれほどの気温上昇をもたらすのか、言い換えればCO_2による温室効果の大きさはどれ程なのかということである。

大気中のCO_2が温室効果をもたらすことは古くスウェーデンの物理化学者スヴァンテ・アレニウスによって指摘され、大まかな見積もりもされていたのだが、その重要性を認識して本格的な計算に取り組んだのは真鍋淑郎であった。キーリングによる観測の10年後である。真鍋はコンピュータ内に地球のモデルを構築して地球規模の気候を調べる研究に着手し、その中でCO_2による温室効果を計算している。最初に開発した1次元モデル（上下方向だけの熱と大気の移動を考える）ではCO_2濃度を2倍にしたときの気温上昇（気候感度）は2・3℃であったが（真鍋・ウェザーラルド１９６７）、より進化した3次元モデル（大循環モデル）では2・93℃となっている（真鍋・ウェザーラルド１９７５）。ここでは太陽熱を吸収した大気と海洋が熱をやり取りし状態変化しながら、上下・水平方向に移動していく過程を考えているのだが、コンピュータ内に地球を作るには多くの単純化（近似）が必要なので、数値がどれほど正しいかは保証の限りでない。実際、真鍋自身が「これらの計算はあくまでも現象を理解することが目的なので、得られた〝数値〟にはあまり重きを置かないように」と注意している。

この研究は4半世紀後にＩＰＣＣがCO_2による人為的温暖化を喧伝し始めたことで俄かに注目を集め、この枠組みによる数多くの計算が行われるようになった。しかし、その結果は必ずしも満足すべきものではなかった。**カラー口絵2**はこれまでに報告された気候感度の値の集録であって、大部分は大循環モデルによる計算値である。（図中の平衡気候感度、過渡的気候感度については、付録2で説明する。）もし計算が進歩していれば、年を追うごとにバラツキは小さくなり、答えはある値に収束していくはずなのだが、そうはなっていない。その意味では計算に50年来、本質的な進歩はなかったと言わざるを得ない。

実は、ここには根本的な問題が関わっている。大循環モデルは多くの変数を含む1組の数式（非線形連立微分方程式）から成り立っているのだが、そこに含まれる多くの係数（パラメータ）は現実に合うように決めてやらなくてはならない。この操作をチューニングという。実際には、たとえば2000年以前のある期間の平均気温変化が観測値に合うようにパラメータを決めて、それ以後の気温を予測する。気温変化を再現するようなチューニングの仕方にはいろいろある（任意性がある）ので、気温変化だけ合わせてもそこに含まれるさまざまな物理過程（雲量、降雨、海流など）はパラメータの決め方によって千差万別になってしまう。こうして適当なパラメータを選ぶことで「望ましい結果を得る」操作（上手なチューニング）は大循環モデル計算での「職人芸」になっている。チューニング操作は現象の不安定性に対処するための「必要悪」なのかも知れないが、それが気候感度の値のバラツキの大きな原因になっていることは確かだろう。ここには気象現象がカオス的性質を持つという本質的な問題が関わっていると考えられる。これについては付録4「気候はどこまで計算で予測できるか」で述べる。

気候感度の計算にはこのような問題があるので、信頼できる値を求めるには別の方法によらなくてはならない。現在のところ、その中で曖昧さが最も小さいのは、火山噴火の際の気温低下から求めた値1・0℃（オリィラ2016）と、気温と太陽磁場の解析から求めた値0・8℃（深井・杉本2024、第5章参照）である。いずれもＩＰＣＣが採用している値よりかなり小さい。これについては付録2「温室効果とは何か」で述べる。

▼観測から知られていること

次に観測データから気温とCO_2濃度の相関を調べてみよう。

過去170年間の気温とCO_2濃度の比較（**口絵3a**）を見ると、両者はいずれも増加傾向を示しているのでCO_2による温暖化が起こっているように見えるだろうが、これだけではCO_2以外に気温上昇を引き起こす自然要因がないとは言えない。よく見るとCO_2は単調に増加しているのに気温は階段的に上昇している。期間を過去2000年間に広げて見ると（**口絵3b**）、両者の間にほとんど相関は見られない。気温は大きくうねっていて、西暦1000年前後には温暖期（中世温暖期）、1700年前後には寒冷期（小氷河期）が見られる。150年前からの気温上昇は小氷河期からの回復過程に重なっている。一方、CO_2濃度が1850年ごろから増えているのは産業革命以後の化石燃料の使用によるものとされているが、気温上昇はそれより150年も前から起こっているので、その原因を人為的CO_2排出に求めるのは無理がある。西暦1000年前後の中世温暖期にCO_2濃度が高かった痕跡はないし、気温上昇が頭打ちになった最近でもCO_2は増え続けている。

古気候学からは、もう一つ重要な発見が得られている。**図3−1**によると過去2万年までの氷河期から現在の間氷期への移行の際に、CO_2濃度のほうが気温より遅れて変化している。この遅れは、それに先立つ氷河期―間氷期の繰り返しの際にも見られていて、その遅れは約800年と見積もられ

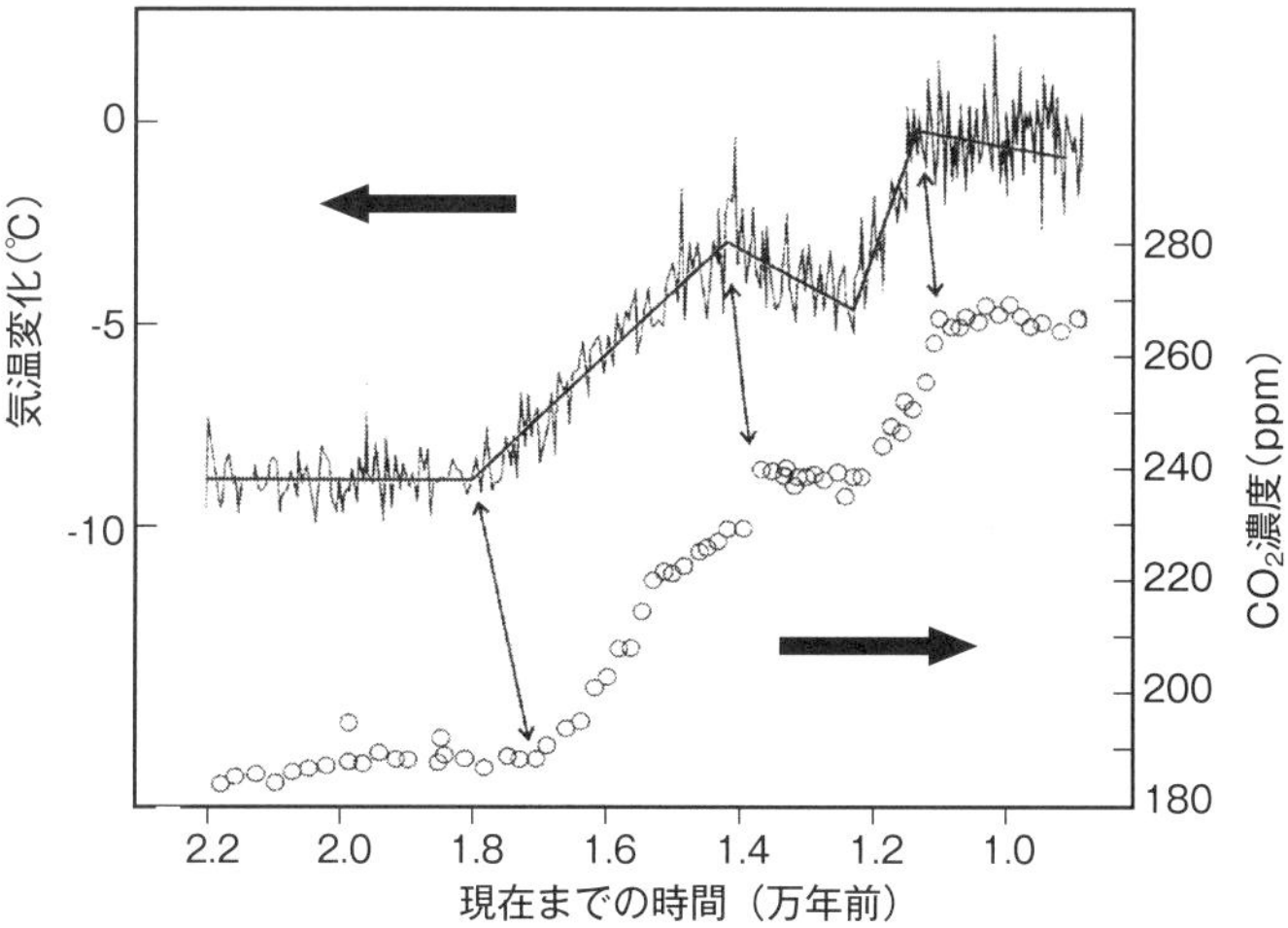

図3-1　1〜2万年前の CO_2 濃度と気温の経年変化
CO_2 濃度の変化は約800年遅れている（モニンら2001）

ている。結果が原因に先立つことはあり得ないので、これは明らかに何らかの自然要因で気温変化が起こり、それによって CO_2 の濃度変化が引き起こされたことを示している。これは CO_2 の温室効果を否定するものではないが、それがあったとしても氷河期—間氷期に変化をもたらす自然要因よりもかなり小さいことを意味している。氷河期から現在にいたるまで、CO_2 濃度変化が気温を変化させたという直接の観測結果は存在しないのだ。

3・2　IPCCの CO_2 温暖化論

▼気候モデルへの過信——大きすぎる気候感度

IPCCは CO_2 温暖化論によって将来の気

温を予測している。その前提は、①過去100年間の温暖化は主として人為的なCO_2排出による、②自然要因としては、火山噴火に伴うエアロゾルが引き起こす気温低下と太陽からの流入熱量の僅かな変化がある、の2点である。

ところがIPCCが集録した気候感度の計算値は、気候モデルの差異によるバラツキはあるものの、1979年のチャーネイ報告からIPCC第5次報告(2014年)にいたるまでほとんど変わらず1・5~4・5℃となっていて、**カラー口絵2**を参照すると観測から得られた値より明らかに大き過ぎている。これでは最近の観測と合わないので、第5次報告書の「政策決定者のための要約」には「気候感度の推定値」は掲げられないと脚注に小さく書いてあった！　食い違いがあまりにも明らかなので、全く触れない訳には行かないという判断から、なるべく目立たないように書き加えたのだろう。ところが同じ報告書の将来予測や対応策では、すべてこの大き過ぎる気候感度を使っているのだ。果たしてこれが「予測」の名に値するのか。これまでの気温変化を説明できない気候モデルを使って将来を予測することが無意味なのは明らかだろう。

大循環モデルの最大の弱点は水蒸気と雲の取り扱いにあるとされている。地表や海水面からの蒸発で生じた水蒸気→雲→降水という水の循環はミクロな過程の連鎖で決まるものだが、地球全体を扱う大循環モデルの中には適当なパラメータとして組み込むことになる。また雲の生成や降水は狭い範囲で起こる現象なのに、それを100km四方の領域での平均値として記述することにも無理がある。これらは水蒸気や雲を大循環モデルに組み込む際の本質的困難である。

▼気候モデルの弱点 ① 水蒸気の作用

まず水蒸気の作用を考えよう。これまでＩＰＣＣは一貫して水蒸気が大きな正のフィードバック効果をもつと主張してきた。気温が上ると地表や海面からの蒸発が盛んになり大気中の水蒸気がふえる、すると水蒸気の強力な温室効果が気温上昇をもたらす、という訳である。水蒸気の作用によってCO_2による気温上昇が2～3倍に増幅されることが気候感度を決める上で極めて重要な役を果すことになるのだ。

ところが、この水蒸気による増幅作用（正のフィードバック）は観測に合わないと指摘されている。もしこの仮定が正しいとしたら、大気中のCO_2濃度が地球全体で一様にふえたとき、水蒸気量の多い熱帯地方に気温の高いホットスポットが生じるはずなのだが、気球や衛星の観測によるとホットスポットは存在しない。

実は、観測では逆に熱帯上空での気温低下が見られていて、これは上空での水蒸気量が気候モデルの仮定より少ないことを示している。実際、パルトリッジ論文（２００９）に載せられた水蒸気量の経年変化を見ると、１９７３～２００７年の間に地表付近の水蒸気量は僅かに（2～3％）増加しているが、上空７㎞では大きく（約15％）減少していて、これは地表の気温を低下させる方向に作用する。水蒸気量の経年変化については、その後も詳細に検討されて、CO_2 濃度の増加に伴う水蒸気の増加は全く見られていない。

これらの論文は、気候モデルに深刻な問題を突きつけた。IPCCの気候モデルでは、水蒸気が雲になり雨になって取り除かれる過程（降水過程）が正しく表現されておらず、降水量を過小に見積もったために水蒸気量が多すぎてしまい、気候感度を大きく見積もってしまったのだ。

▼気候モデルの弱点 ② 雲の作用

次に雲と地表温度との関係を考えよう。雲は太陽熱を反射するために降温効果をもつものだが、地表の放熱を遮るために昇温効果ももつので単純ではない。第5次報告書では、雲は全体として正のフィードバック効果、すなわち地表の気温が上がると雲がふえ、それが気温上昇をもたらすとしている。こうして、雲は CO_2 の効果を増幅する作用をもつことになる。ところが、「政策決定者のための要約」では、これについての理解度は低いと認めていて、「気候モデルで雲の効果を定量的に正しく表現できているかはあまり確信がもてない（確信度20％！）」と書かれている。（確信度20％とは、ほとんど確信が持てないということではないか！）

最近、雲についての理解は著しく進歩して、このIPCCの見解はほぼ完全に否定されている。**図2-1**に示したように、雲量と気温の間には負の相関がある。雲量が減るにつれて反射される太陽光が減るため、気温が上がるのだ。雲は生成・移動することで空間的にも時間的にも気温変化を小さくしようとする、負のフィードバック作用を持つのだ。雲が負のフィードバック効果を持つことはリンゼンらによっても提唱されていたが（2001）、それが観測によって確認されたことになる。ここで雲量が2000年を境に変化していることに注意しておく。これは雲量変化が気温の頭打ちを引き起こしていることを示唆している。このことについては第5章で改めて述べる。

▼IPCCの見解の変遷――ホッケースティックの登場

IPCCの気候変動の捉え方は迷走している。第1次報告書（1990年）に載せられていた過去1000年間の気温は大きくうねっていて、現在の知識（**口絵3b**）とほぼ合っていた。そしてこの古気候学の知識を踏まえた上で、長期にわたる温暖化傾向の中で人為的な温暖化だけを取り出すのは難しい、としたのだ。中世温暖期にCO_2濃度が高かったという証拠がないのは注意すべきことであり、小氷河期を火山活動や太陽活動の極小期に関連づける議論もあるがコンセンサスは得られていない、とも述べている。極めて真っ当である。

ところがこの認識は、第3次報告書で所謂ホッケースティック（**図3−2**）が登場したことによって一変する。シベリアの樹木の年輪幅からマンら（米）が求めたこのグラフ（その形からホッケースティックと呼ばれている）には中世温暖期も小氷河期もなく、西暦1000〜1800年の平均気温

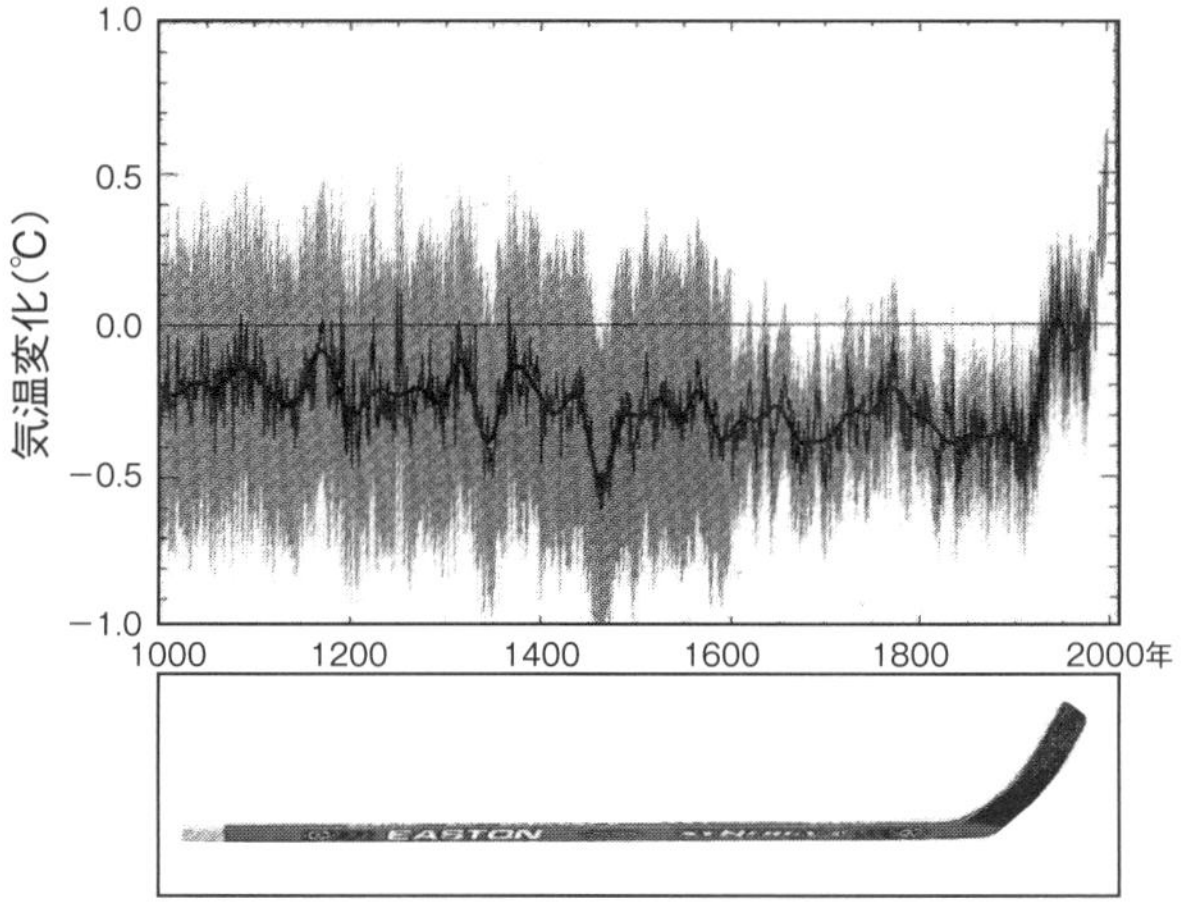

図3-2　捏造された過去1000年間の地球平均気温の変化
通称ホッケースティックと呼ばれる（マンら1999）

はほとんど変化せず、その後、急激に上昇している。この上昇は産業革命後のCO_2濃度の増加によって起されたもので、それ以前に気温変化がなかったことはCO_2以外の自然要因が極めて小さかったことを意味するものとされた。このグラフは人為的温暖化論を強力に支持するものとして喧伝され、広く知られるようになった。

実はこのとき、マンは学位をとって間もない若者で、この「非常識な」グラフは古気候学の専門家からは相手にされなかった。しかし、これがIPCCを通じて広く受け入れられるようになったので、事態を重く見た米国上院議員バートンは科学アカデミーにその正否の検討を依頼した。ところが2006年6月に公表された報告書は、マンが用いた統計手法は改良を要するけれども得られた結果は概ね信頼できるだろう、という

「玉虫色」のものだった。この取り組みを不十分とみたバートンは、急遽、下院に監督調査委員会を立ち上げて、統計学の第一人者ウェグマンにホッケースティックの調査を委嘱することにした。

ウェグマンの組織した専門家パネルが出した報告書は非常に明快なものだった。まずマンの使った統計処理プログラムには根本的な誤りがあること、データのバラツキから統計学的に計算される信頼度は極めて低いこと等を指摘して、統計学者・マッキンタイアによる批判を全面的に支持した。ホッケースティックは統計学的に無意味なものと断定されたのだ。パネルはさらに木の年輪を指標とする古気候学のグループは小さな閉鎖社会を作っていて、マン論文の誤りを正す自浄能力に欠けており、また統計学の専門家に協力を求めることもしなかったと指摘している（モントフォード2010）。

このホッケースティック事件は、ＩＰＣＣの「観測データ」の信頼性に大きな疑問を投げかけた。ホッケースティックという人為的温暖化の論拠を失ったＩＰＣＣは、その後、観測データと気候モデルからの結論との乖離に悩まされることになる。そもそも、大まかに言えば、ＩＰＣＣの気候モデルの中で気温上昇をもたらすものはＣＯ$_2$、気温低下をもたらすものはエアロゾルしかないので、それだけで中世温暖期や小氷河期を説明することはできないのだ。

▼クライメートゲート事件

ＩＰＣＣはCO_2温暖化の主張に合うように観測データを改ざんしたのではないか、主張に合わない論文の発表を妨害したのではないか等々、年を追うごとに多くの疑惑をもたれてきたのだが、２００９年11月19日、それらの隠微な所業のすべてが白日の下に曝された。ＩＰＣＣの「科学」のまとめ役だった英国イーストアングリア大学気候研究所（Climate Research Unit：ＣＲＵ）のコンピュータから１０００通以上のメール記録が流出して、世界中に広がったのだ。のちにクライメートゲート事件と呼ばれる出来事である。その前書きには「気候学がこれだけ重大事になった今、もはや隠しては置けないので公開することにした。気候学の実態と背後にいる人たちを知る助けになることを願っている」とあり、その中には科学者としてあるまじき作為や、品性が疑われるような言辞が厭というほど詰まっていた。この事件は、諸外国では大々的に報道され、それを契機としてＩＰＣＣとその主張――CO_2温暖化論――への信頼は一気に落ちた。（ところがわが国ではこの事件はほとんど報道されず、相変わらずCO_2温暖化論が広く信奉されている。）

それからちょうど2年後（２０１１年11月22日）には、さらに大量の（5倍近くの）メール記録が放出された。クライメートゲート２・０と呼ばれる。その前書きには「世界では毎日1万６０００人もの子供たちが飢餓などで死んでいく。１つの命は１００円で救えるのだ。それなのに２０３０年までに37

兆ドルものお金をＣＯ$_2$対策に使おうとするとは」とあった。Mr. FOIAと名乗る「犯人」はまだ特定されていないが、ＩＰＣＣの「科学者」集団のやり口を知って我慢がならなかったのだろう。「犯人」はその後22万通にのぼる残りのメールをすべて放出して、これで自分は手を引く、と宣言した。クライメートゲート３・０である（２０１３年３月13日）。初回（クライメートゲート１・０）の内容は研究者仲間のやり取りだが、クライメートゲート２・０にはマスコミ、環境団体、銀行、政府機関等とのやり取りも含まれている。最初の２回については、整理された情報（原文）をインターネット上で読むことができるが、クライメートゲート３・０の整理は、まだ全く手が付けられていない。

クライメートゲートについては、その一部を紹介した本があるので参照されたい（モッシャー・フラー２０１０、渡辺２０１０・２０１２、深井２０１１・２０１５）。

▼データは「加工」されていた

ここでは彼らのメールから明らかになった気候データの取り扱いの問題点に話を限ることにする。

ホッケースティックに中世温暖期や小氷期がなぜ現れないのかを疑問に思ったカナダの統計学者マッキンタイアは元データや統計処理法をたびたび問い合わせたのだが、まともな回答が得られなかった。これは科学の常道に反した行為である。そのやり取りがメールに残されている。だが、２００５年には英国に情報公開法（略称ＦＯＩＡ）が制定されて、不利な情報を隠そうとするチームの悪あがきも次第に力及ばなくなり、やがて、年輪データは目的に合う極めて少数のものが選ばれていたことや、マンの統計解析が根本的に間違っていたことなどが明らかにされていった。

ホッケースティックだけでなく、この他にも気候データが温暖化を印象づけるように細工されていたことがクライメートゲート事件をきっかけに見出されている。

エッシェンバックはオーストラリアのデータに疑問を抱いて調べたところ、GHCN（米・世界歴史気候学ネットワーク、国立気候データセンター NCDC の下部組織）が行った「補正」の詳細が分かった。3カ所の観測所で1940年以前のデータが大きく下向きに補正されていたのだ（エッシェンバック 2009 a）。

実は、これらは氷山のほんの一角だった。キリエは永年にわたって NASA-GISS（ゴダード宇宙研究所）の気温データを元データと照合する作業を続けていて、その結果、世界の400を超える地点で過去の気温を下げる（温暖化を作り出す）操作が行われていたことを突き止めた（Kirye.net.）。**図3-3**はその一例で、八丈島についての気象庁のデータと NASA が補正したデータの比較である。八丈島のデータを補正すべき理由はないので、これは改ざんと言うべきものである。こうして、世界各地のデータを加工して温暖化を作り出す作業は、今も密かに続けられているのだ。このようなことが公的機関によって行われているのは由々しきこと、科学への冒涜としか言いようがない。

気温データについては、都市化の影響も要注意である。ところが IPCC は、都市化による気温上

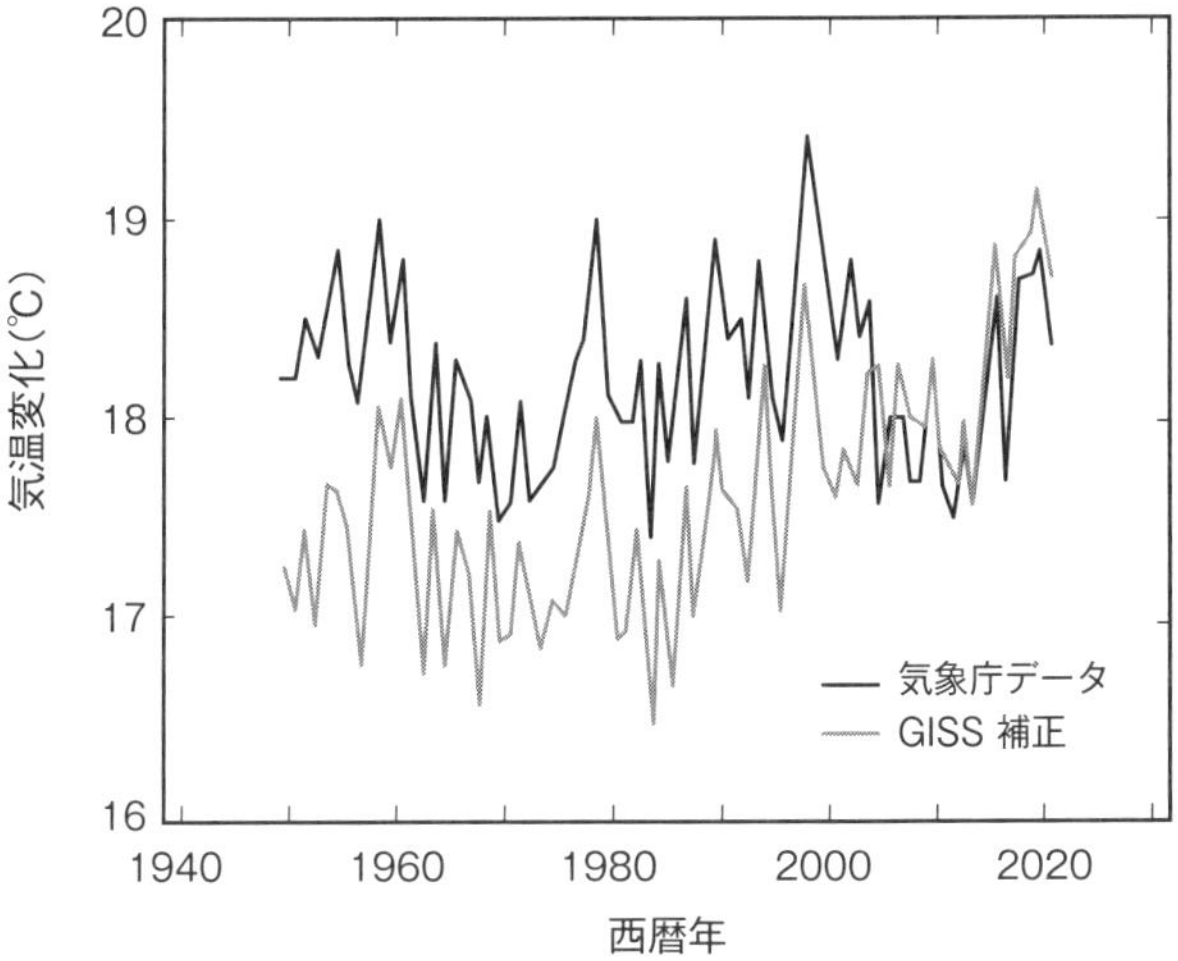

図3-3　1950～2021年の八丈島の気温変化
気象庁データはNASA（GISS）によって補正（改ざん）され、温暖化が作り出されている（Kirye.net 2021）

昇は0・1℃以下であるというジョーンズらの論文（1990）を論拠にその効果は小さいものと見なしてきた。そこでエッシェンバックは、都市データがどのように取り扱われたのかを知るために測定地点のリストを請求したところ、拒絶されてしまった。情報公開法に訴えてやっと入手したリストを見て、彼は驚いた。世界の主要都市のデータが、そのまま使われているではないか！　バンコック、バルセロナ、北京、ブエノス・アイレス、京都、リスボン、モスクワ、名古屋、大阪、サンパウロ、ソウル、上海、シンガポール、東京、等々（エッシェンバック2009b）。これは重大な意味をもつ。都市化によるヒートアイランド現象は、見かけ上、過去100年間の温暖化を作り出すことになるからだ。都市データを除外しなかったのは、近年の温暖化を演出するための、不作為の作為だったのではないかと疑われても仕方がない。

多くの論文によって都市化の影響が大きい可能性を指摘されたＩＰＣＣは、第5次報告書でそれらを検討した結果を「都市化の影響が過去１００年間の気温上昇の10％をこえる可能性は非常に低い」とまとめている。これを信じるかどうかは、報告書全体の信頼性に関わることだとだけ言っておこう。ヒートアイランド効果については第5章で改めて述べる。

▼ホッケースティック「もどき」が現れた！

２０２1年8月に発行されたＩＰＣＣ第6次報告書に先立って公開された「政策決定者向け要約」を数ページめくったところでわが眼を疑った。何と冒頭の図1ａがホッケースティックではないか！第3次報告書に載せられて批判の的となり、米国科学アカデミーによる調査で誤まりと断定されたのとそっくりのものが、第6次報告書で冒頭に復活しているとは一体どういうことなのか。

その後、この件は物議の的となり、報告書作成に関わった人によれば、この図は報告書本体には掲載されず、その出典はどこにも書かれていないとのこと。またこの図自体が、「要約」の査読用プリントでは詳細の見えない切手サイズだったのが、最終版で初めてフルサイズにされたとのこと。専門家による批判を予測して、報告書本体には載せずに、このようなやり方でその予告編「政策決定者向け要約」

の冒頭に載せるとは、あまりに姑息ではないか。

ＩＰＣＣが未だにこのような所業のまかり通り組織であるとは、まさに絶望的である。数１０００ページに及ぶ大部の報告書を書き上げるには多くの真面目な科学者が協力しているのだろうが、まとめ役の人たちがこのような行為をするようでは、その内容は全く信用できない。

それにしても、何故このようなことがまかり通ったのか、チェック機能は働かなったのか。カナダの統計学者マッキンタイアが調べたところ、その背景が見えてきた（マッキンタイア２０２１）。第３次報告書で第１部「自然科学的根拠」の執筆者としてホッケースティックを華々しく登場させたトマス・ストッカーがまた関わっていたのだ。彼はスイス・ベルン大学の教授としてＰＡＧＥ ２ｋという国際的な研究グループを主宰して過去２０００年の気温の再構築に取り組み、２０１３年にはホッケースティックによく似たものを発表していた。これが情報源だった。ストッカーらは、北半球の７地域から選んだ約７００個の年輪データをもとに作った論文を投稿したところが査読によって掲載拒否されてしまったため、やむなく２０１３年に査読ナシのフリー・ペーパーとして公表することにした。そのデータからホッケースティック「もどき」が作り出されたのだ。

報告書に図の出典を記載しなかったのは、この論文が専門家の査読をパスしたものではないことを隠すためだったのだ。ストッカーは前回の第５次報告書で「自然科学的根拠」作業部会の議長を勤めていたボスなので、「政策決定者向け要約」の中に彼のホッケースティック「もどき」を押し込むことができたのだろう。そもそもストッカーが主宰したＰＡＧＥ ２ｋという10数名のグループは、ＩＰＣＣ第６次報告書のためにホッケースティック「もどき」を提供することを（隠れた）目的として組織されたのだろうと言われている。このグループは、のちに路線対立がもとで分裂し、脱退した人たちが内容の全く違う論文を発表している（ゴスリン２０２１）。

このホッケースティック「もどき」事件は、ＩＰＣＣの隠蔽体質、ボス支配、ガバナンスの欠如などが、今でもそのまま引き継がれていることを露呈した。否、彼らはこれまで被っていた科学の仮面を脱ぎ捨てて、真っとうな科学への挑戦を宣言したのかも知れない。第６次報告書の冒頭に敢えてこの図を載せたことには、そういう意図があったと考えるべきだろう。CO_2を温暖化の主因とする彼らにとっては、産業革命以前に大きな気温変動があるのは不都合なので、どうしてもそれを抹消してホッケースティックを復活させる必要があったのだ。政治的主張のために科学を捻じ曲げるこのような所業を見過ごしてはならない。

３・３　ＩＰＣＣはなぜCO_2温暖化論に固執するのか

ＩＰＣＣが設立された１９８８年から約30年が経ち気候の科学が進歩するにつれて、ＩＰＣＣの標榜するＣＯ$_2$温暖化論が現実に合わないことは次第に明らかになってきた。しかしＩＰＣＣはそのような批判には応えようとせず、封殺を図ったのだ。ＩＰＣＣは何故そのような態度をとったのか、なぜ公正な立場でサイエンスの議論ができなかったのか。そのことを考えておかなくてはならない。

話はＩＰＣＣの誕生（１９８８年）に遡る。ＩＰＣＣは国連・気候変動枠組条約の締約国への参考資料（評価報告書）の提供を任務としているのだが、問題は気候変動枠組条約そのものにあったのだ。これは世界の環境政策の基本となっている１９９２年の国連環境開発会議、いわゆるリオサミットで出された宣言（リオ宣言）のうち気候変動に関する部分を条約の形にしたもので、その後の地球温暖化防止政策の基本とされている。この条約の名称からは「将来起こり得る気候変動に対してどのように対処すべきか、その大枠を定めよう」という主旨のものと誰しもが想像するだろうが、実はまったく違う！　そもそもここでの「気候変動」とは本来の意味とは違い、人間活動による気候の変化だけを指すもので、自然変動を含めないと定義されているのだ。そして条約の究極的な目的は、そのカッコつき「気候変動」をもたらす温室効果ガスの濃度を安定化させることと明記されている。

視野は恐ろしく狭く、しかも科学として間違っている。実際の気候変動をもたらす自然要因は最初から排除されている。ＩＰＣＣがＣＯ$_2$主因説に固執して自然要因を頑なに拒否してきたのは、この非科学的な条約を護るためだったのだ。ＩＰＣＣが人為的温暖化防止という決まった目標を与えられた調査・広報機関であって、気候科学の研究機関でないことは銘記しておかなくてはならない。

ＩＰＣＣにとっては、自然要因による気候変動が重要だと認めることは自身の存在意義を否定することにつながる敗北なのだ。

条約には、さらに重大な問題がある。リオ宣言の第15条「環境が深刻な、あるいは不可逆的な被害を受ける恐れがある場合には、たとえ科学的理解が十分でなくても、費用対効果の大きい予防策がある場合には、その採用を遅らせるべきではない。」が条約では「予防策の採用を遅らせるべきではない。もっとも政策は可能な限り費用対効果の大きいものとするよう考慮を払うべきであるが」と改変されているのだ。この違いは見過ごされがちだが、実は極めて大きな意味を持っている。リオ宣言では「費用対効果」が必要条件であったのに、ここではそれを考慮することが単なる付帯条件にされており、その論理的帰結は「費用対効果の如何《いかん》に拘わらず予防策を講じなくてはならない」ということになるからだ。

全27条の宣言につけられたアジェンダ21（21世紀の課題）という長文の解説（指針）を読むと、そこでのキーワードは費用対効果とエネルギー効率になっているのだが、そのうちで費用対効果が条約では軽視されているのだ。

この点については、その後、仮にCO_2増加による温暖化を認めるとしても、この条約は費用対効果の面から不合理であるという指摘が度々なされてきた。

デンマークの統計学者ビョルン・ロンボルグは世界に山積する重大問題に取り組むには費用や緊急

度に応じて順次に対応していく他はないとして、投資効率（費用対効果）の観点から綿密な分析を行った結果、気候変動の緊急度は極めて低くなった。エイズや栄養不良・飢餓などの緊急に対応すべき問題に比べると、100年後に起こるかも知れない気候変動への予防措置は後回しにせざるを得ないという、至極もっともな判断である。（ロンボルグ2001、2007）。

またフランスの地球化学者で政治家でもあるクロード・アレーグルは、変動要因を人為的なものと断定して100年後の数値予報をするIPCCのやり方を強く批判し、1997年に定められた京都議定書については次のように言う。「京都議定書は、おそらくこれまで提案された国際協定のなかで最も不条理なものであろう。なぜならば、費用対効果がまったくもって不条理であるからだ。京都議定書の推定コストは、3700億ドルならびに数100万人の失業者である！　昼夜の気温差が10℃を超えるというのに、1000分の3℃下げるためにこうした費用を投じるのは不条理以外の何物でもない！」（アレーグル2007）

何が何でもCO_2を削減すべきだというIPCCとCOP会議の主張は、リオ宣言の主旨からも逸脱している。そしてCO_2を削減するという大義名分で集められた巨額の資金を取り仕切っているCOP会議には、そのおこぼれに預かろうという多くの国々が蝟集して「未来の地球のために」熱い議論をしている！

第4章

CO_2温暖化論を広めた人たち
――はびこる俗説を斬る

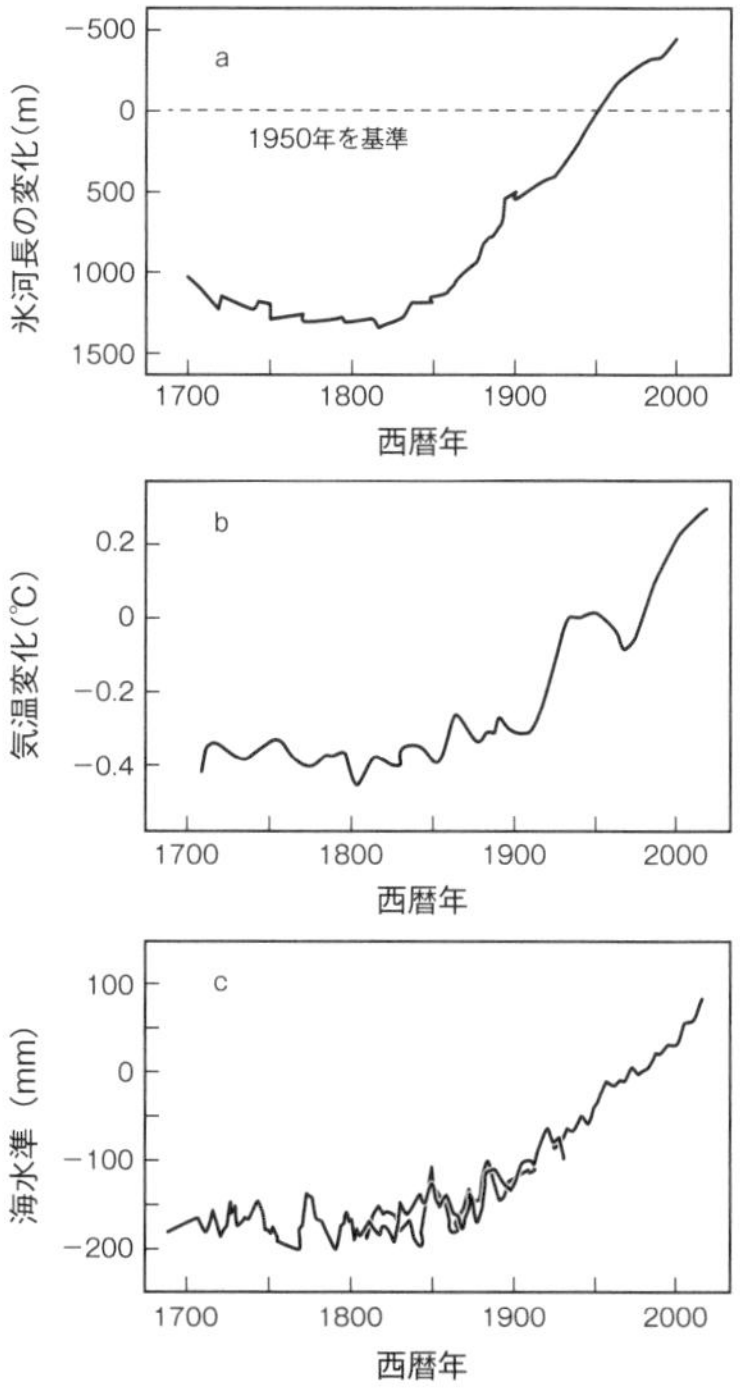

口絵４　氷河長、気温、海水準の経年変化の比較
(a)　300年前からの氷河の消長（1950年を基準）（オーレマンス 2005）。
(b)　300年前からの平均気温変化（リュンクィスト2010）。
(c)　330年前からの海水準の変化（ゴセリン 2014）。
いずれも経年変化の形はよく似ている。

CO_2温暖化論は多くの人達によって広められてきた。彼らはCO_2がもたらす（と彼らが考える）さまざまな現象を取り上げて脅威を煽ってきたのだが、その多くは科学的根拠が曖昧で、俗説と呼ぶべきものである。それらを放置すると世に害毒を流すので、ここでその誤りを糾しておく。

4・1　モーリス・ストロング――カッコつき「気候変動」ことはじめ

モーリス・ストロング（1929〜2015）はカナダの実業家で、石油業界で頭角を現して多くの事業を手掛ける一方で、国連の活動にも積極的に参画して多くの足跡を残した。1972年にストックホルムで開かれた環境問題に関する会議で国連環境計画（UNEP）の議長に選任されたのを皮切りに多くの会議を主催したが、なかでも1992年にリオデジャネイロで開かれた国連環境開発会議（アース・サミット）は重要である。

彼はその基調講演の中で、今日の贅沢な中産階級のライフスタイルは持続可能ではないと断じ、世界は再生可能エネルギーによる持続可能社会を目指すべきだと述べている。そして、前節で述べたように、カッコつき「気候変動」をもたらす化石燃料から太陽光や風力などの再生可能エネルギーへの転換の必要性を主張した。これを契機として「気候変動」枠組み条約が制定され、科学的根拠の乏しいCO_2排出削減キャンペーンが国連活動として始められることになったのだ。これは環境至上主義者たちに引き継がれて今日に至っている。このCO_2排出削減の国際的キャンペーンが、科学者ではなく、一政商の作文によって始められたのだという事実を改めて指摘しておきたい。

彼は、この信条を、経営を任されたオンタリオ州の電力会社オンタリオ・ハイドロに適用して、火力発電所2基を停止させ、建設中の原発工事をすべて差し止めた。その結果は悲惨なもので、カナダで一二を争う豊かな州だったオンタリオは国家の補助を受ける貧しい州に転落してしまった。「彼にオンタリオ・ハイドロの経営を任せたのは、狐に鶏小屋を自由にさせたのと同じことだ」という辛辣な評言が残されている。「気候変動」防止政策の社会実験は、誰の目にも明らかな失敗に終わったのだ。

モーリス・ストロングは類い稀な行動力と組織力の持ち主だったが、それ故に、彼の言動には批判と毀誉褒貶が絶えなかった。CO_2排出削減キャンペーンでは排出権取引での利益相反を批判され、また晩年には国連の「食料のための産油計画」(Oil-for-Food Programme)に関わって巨額の賄賂を受け取ったという疑惑を受け(彼自身は否定しているが)、事務総長コフィ・アナンの特別顧問など国連の公職をすべて辞して中国に隠棲した。しかし2015年、オタワでの葬儀にはアナンも出席して盛大に行われたとのこと。そして今、彼の遺したCO_2排出削減キャンペーンは世界を席巻している！(ウィキペディアによる)。

4・2　ハンス・シェルンフーバー――「2℃目標」とは何か

「2℃目標」とは次のようなものである。

地球温暖化で平均気温が2℃上昇すると、温室効果ガスの増幅作用で（後戻りができなくなり）灼熱地獄に向かうかも知れない。

だから人類の滅亡を防ぐためにCO$_2$排出削減によって気温上昇を2℃以下におさえなくてはならない、ということになる。しかし、グリーンランド氷床コアのデータからは前回の間氷期（12万年前）には気温が現在より4〜6℃も高くなったが、すぐに氷河期に戻ったことが知られている。現在の間氷期でも気温が2℃以上になったことは何回もあった。地球の気候システムは大きな復元力を持つもので、2℃程度の変動は過去に何回も起こっていたのだ。「2℃目標」は古気候学の常識からは考えられない無意味なものなのである。

IPCCが金科玉条にしているこの「2℃目標」は一体、だれが言い出したのか。その根拠は何なのか、と疑問に思って調べていたところ、ようやくその出所が分かった。シュピーゲル電子版（独）の記事（エヴァースら、2010）を紹介しよう。

気温モデルの計算では世界でも数多くないスーパーコンピュータの性能を最大限に使って何ヶ月も

フル稼働させなくてはならない。これは難しすぎて政治家にとっては役に立たない。彼らは単純な目標が欲しいのだ。

その要望に応えようとして、１９９０年代中頃、ドイツの科学者が容易に分かるメッセージを考案した。それが２℃目標なのだ。人類と自然にこれ以上の害を与えないようにするためには、地球の気温は工業化以前に比べて２℃より高くしてはならないということだ。これはかなり大胆な見積もりだが、これによって目標は目に見える形になり、驚くべき効果を発揮することになった。世界政治に対して、科学がこれほど強いインパクトを与えたことはないだろう。今や、すべての国が２℃目標を認識している。２００９年の国連コペンハーゲン会議（ＣＯＰ15）に先立ってドイツの環境相ロットゲンは「２℃目標を越えてしまったら、地上の生命活動はもはや不可能になるだろう」とまで言っている。

しかし、これは科学としてはナンセンスなのだ。２℃目標の生みの親、ポツダム気候影響研究所長のシェルンフーバーは言う。「２℃は別に魔法の数字ではない。単なる政治目標だ。地球は温暖化が激しくなっても直ちに終末を迎えることはないし、逆に温暖化が激しくなければ安全という訳でもない。現実は、当然のこと、もっと複雑なのだ。」

「わたしは罪を認めるよ」と彼は言う。しかし、２℃目標を言い出したことで彼は科学者としての経歴に傷がつくどころか、逆にメルケル首相の主任科学アドバイザーという影響力ある地位に上ることになったのだ。

ことは気候変動に関する諮問会議から始まった。ドイツ政府から気候保全の指針についての諮問を受けた科学者達は、シェルンフーバーの主導の下で検討した結果、極めて簡単な考え方に到達した。それは「地上にホモ・サピエンスが現れて以来の気候の歴史を見ると、過去13万年の間、気温が産業革命以前の値より2℃以上高くなったことはなかった。気温は人類が進化の過程で経験した範囲に止めておくのが安全だろう。さもないと未踏の地の踏み込むことになる。」というものだ。

尤もらしく聞こえるかも知れないが、これはごまかしに過ぎない。人類は氷河期に誕生して、現在より4～8℃も低温の長い氷河期とたびたび訪れた2℃以上の高温期を生き抜いてきた。その中では温暖期ではなく寒冷期こそが最悪の時期だったのだ。

とにかく、こうして一たん2℃という数字が示されると、これに「意味づけ」を与える論文が次々に現れた。しかし、物事はそう単純ではないことも分かってきた。サンゴ礁は1・5℃の水温上昇で打撃を受けるかも知れないが、農業生産は2・5℃の上昇でむしろ増大して世界人口の増加にとっての朗報となるだろう。そもそも今後の気温変化を予測するのは極めて困難だし、その影響にいたっては想像の域を出ない。そのような不確かな予測をすることにどれ程の意味があるというのか。

これについてシェルンフーバーは言う。「確かに気候影響の予測はそれほど信頼のおけるものではない。だからと言って膨大な数の論文を政策決定者の机上に積んでやっても何もなりはしない。われわれはこれらを煮詰めて実行可能なシナリオとして提供してやらなくてはならないのだ。」

このような考え方に対しては、当然、批判的な学者もいる。ハンブルグ大学のフォン・ストルヒは言う。「2℃目標は真の科学とは全く関係ない。気候影響の研究者達は政治的助言を売り物にし過ぎている。彼らは政治活動をしていて、その成果を見せたがっているのだ。それは、結果として、科学への信頼を落とし、さらにクライメートゲート事件に見られたようなＩＰＣＣの堕落の遠因になっているのだ。（中略）残念なことに、科学者の中には、牧師のように教義に合わせた話を提供しようとする者もいる。これらの多くは気候変化を誇張し危険を警告しようとするものであった。（中略）しかし、気候変動は一夜にして起こるものではないので、対応するための時間は十分にある。われわれはもっと冷静でなくてはならない。恐怖を煽るようなやり方は間違っている。」

その後、ベルリンで「気候問題とその影響」と題するパネル討論会が開かれたとき、CO_2の寄与の程度については5人の参加者の意見が分かれたが、2℃目標については全員一致でこれを拒否し、このような形で科学が政治に関わること、科学者たちがその中に取り込まれようとしていることに強い懸念を示した。

しかし、その後もシェルンフーバーはローマ教皇にCO_2温暖化の脅威を説いて世界のカトリック司教あてに「地球温暖化についての回勅」を出させたりしている（2015年6月）。フランシス教皇は温暖化教の宣教師にされてしまったのだ。

考えてみると、ＣＯ$_2$温暖化教はカトリックとは相性が良いのかも知れない。地球の未来のためにとしてＣＯ$_2$温暖化の脅威を説く人たちにとって、ＣＯ$_2$温暖化は宗教なのだ。彼らが好んで使う懐疑論者（skeptic）や否定論者（denialist）はキリスト教社会では特別な意味を持つ言葉であって、誰もが中世の異端審判や魔女狩りを連想する。温暖化教をキリスト教になぞらえて、その教義にそむく者に異端者のレッテルを貼ることは、温暖化批判の排除を人々の心情に訴えるきわめて有効な手段なのだ。多くの日本人にはピンと来ないだろうが、ここにはキリスト教社会の根深い偏見が首を出している。間違っても、このような言葉は使わないことだ。

２０１８年にシェルンフーバーは研究所長を解任されたが、２℃目標はパリ協定の中に生きていて、これを達成するために世界で毎年４００兆円の対策費が必要だろうという。これはほとんど狂気の沙汰ではないか。ドイツ発の「２℃目標」という標語が、ドイツ国内だけでなく、全世界でこのように喧伝されていることに背筋が寒くなる思いがする。繰り返して言う。２℃目標は極め付きの俗説なのだ。

４・３　アル・ゴア――「不都合な真実」とは何だったのか

アル・ゴアは米国の政治家で、１９９３年から２００１年まで民主党政権で副大統領をつとめたが、その後は政治の表舞台から離れて環境問題とくに地球温暖化問題への取り組みに専念している。

２００６年に彼が出演して地球温暖化の脅威をアピールしたドキュメンタリー映画「不都合な真実」は大きな反響を呼び、長編ドキュメンタリー部門のアカデミー賞を受賞した。この映画はのちに書籍化されてベストセラーになり世界中で広く読まれた。このような環境啓蒙活動が評価されて、アル・ゴアと国連機関ＩＰＣＣは２００７年にノーベル平和賞を授与されている。授賞理由は「人為的気候変動（地球温暖化）についての問題点を広く知らしめ、気候変動防止に必要な措置の基盤を築くために努力したことに対して」とされている。

ゴアはハーバード大学の学生時代に地球科学者ロジャー・レヴェレの講義を聴いて感動し、以来、CO_2による地球温暖化の問題に関心を持ち続けたのだという。実際、彼は北極から南極にいたる世界各地に足を運んで温暖化の影響を実地踏査し、多くの専門家の教えを乞い、また永年にわたって積極的に講演活動を行っている。「不都合な真実」はその記録に基づくもので、彼の熱意が多くの人々を惹きつけたのはよく分かる。読み物としては、よく書けていて感心させられる。

しかし、「不都合な真実」は手放しで称賛できるものではない。事実の誇張や誤認が多いと批判されているのだ。

２００７年には英国ケント州で「不都合な真実」が教材に使われていることに対して保護者のグループから高等裁判所に差し止め請求の訴訟が起こされた。これに対してバートン判事はその内容を

ＩＰＣＣ第4次報告書に照らして詳細に検討し、内容は概ね正しいとして差し止めは命じなかったけれども、記述の誤りや不適当な個所を逐一指摘して、使用の際には十分な注意を払うよう勧告した。その一部始終は伊藤・渡辺著「地球温暖化論のウソとワナ」（２００８）に紹介されている。もちろん法律家にできるのは既存の規範に照らして正否を判断することだから、その限りではＩＰＣＣ報告書のCO_2温暖化論に基づいて判断したことは妥当というべきだろう。少なくとも公教育の場に温暖化問題を持ち込むこと、とくに「不都合な真実」にはいくつもの誤りがあるので取扱いは然るべき注意を払うべきことを裁判の判決として明示したことにも大きな意味があった。

ここでは指摘された問題点のうち、氷河の話を現在の視点から紹介しておく。

地球温暖化によって世界中の氷河が消えようとしており、また北極海の海氷も急激に減少している。

氷河には2種類がある。高山にある山岳氷河と南極やグリーンランドなどの広大な面積を覆う大陸氷河である。

山岳氷河では、高地の積雪が固まって氷になり重力の作用でゆっくりと斜面を下り、末端で融けて川となる。だから気温が上れば先端が後退する。ゴアは本の冒頭で、世界の8カ所での氷河の先端が過去20〜１００年の間にどれほど後退したかを比較した写真を見せて、温暖化の影響を印象づけている。ヨーロッパ・アルプスやアラスカの氷河が過去数10年間に後退したのはよく知られたことで、これは確かにこれまでの温暖化の影響として理解できる。**口絵4a**にはその後に得られた過去500年間の世界169個所の山岳氷河の消長のデータが示してある。18～19世紀の小氷河期には長かったが、その後の温暖化に伴って短くなっていて、その消長は平均気温の変化（**口絵4b**）とよく対応している。

しかし、アフリカの最高峰キリマンジャロの氷河が温暖化によって10年後には消えるかも知れないというゴアの記述は明らかに誤りである。6000mの高地はいつも氷点下なので氷は融けようがなく、蒸発したのであって、温暖化とは関係ないことなのだ。（冷蔵庫の氷がいつの間にか小さくなっているのを経験した人は多いだろう。氷は解けることなく、水蒸気になって蒸発したのだ。）

問題は大陸氷河である。量的には、山岳氷河より大陸氷河のほうが圧倒的に多い。過去の氷河期に北半球の広範な面積を覆っていた大陸氷河は、現在ほぼ南極大陸とグリーンランドに限られ、氷河全体の80%と12%を占めている。大陸氷河は概して平坦だが、それでもゆっくりと流れている。それは大陸の中央部に降った雪の重みで氷が周辺に向かって押し出されることによって起こるもので、大陸の端まで辿り着くと崩落する。よく南極大陸を覆う大陸氷河の末端が海に崩れ落ちるシーンを、地球温暖化によるという解説付きで見せられることがあるが、これは間違いである。これは積雪が氷河として移動してやがて消滅するという一連の過程の中の一コマであって地球温暖化とは関係ないこと、これによって南極の氷が減ってしまうのではないかという心配も無用である。南極氷床はほとんど定常状態、すなわち内陸での積雪量と氷河末端で海に崩落する量が釣り合っているのである。実際、近年の衛星観測によると大陸氷床の面積にほとんど増減は見られない。

ゴアが南極とグリーンランドの周縁で氷河の末端（棚氷）が崩落するのを温暖化によるものとして大きく取り上げているのは大陸氷河の本質を見誤っているからに違いない。

南極大陸の周辺には崩落した氷河から生じた氷塊がギッシリと詰まった大氷原が形成され、さらにその周りには数多の氷山（浮氷）が散在している。また、大陸の存在しない北極でも、冬季には浮氷が集まって大氷原（氷冠）を形成している。ゴアは１９７５〜２００５年に北極圏の海氷面積が急激に減少するデータを引用して地球温暖化の脅威を唱えているが、その後に集録されたデータによると、北極海でのそのような急激な減少は見られない。南極海の海氷面積は２０１５年に異常な変化を示すまでは逆に増え続けていて、その原因はよく分かっていない。両極での海氷面積と温暖化の関係はゴアが考えるほど単純でないことは明らかである。

ゴアの映画で、消えていく北極海の氷の上で居場所を失った（？）シロクマが吠えている姿を見た人は多いだろう。この写真は多くの人々の共感を呼んで、数多くの絵本や小学校の教科書などに引用されているが、実は全くの作り話である。シロクマは北極海を取り巻く大陸沿岸の広大な地域に生息しており、現在でこそ保護の対象にされているが、全面禁猟になったのは比較的最近（1973年）のことであって、それ以来、5000〜1万頭だった個体数は2万〜2万5000頭まで回復したと言われている。

海氷が消えたらどうなるか、ということも心配するには及ばない。グリーンランドに人が定住して農耕が営まれ冬でもバイキングが小舟で往き来していた中世温暖期、100〜200年にわたって海氷はほとんど無かったがシロクマは無事に生き延びて来た。シロクマはこの世に生まれてから20万年の間に、さらに高温の時期を何回も生き抜いてきたのだ。

実は「不都合な真実」には個々の事実の誤認よりも重大な、基本的な誤りがある。CO_2温暖化を前提として、それに関係がありそうな現象を探してシナリオを書き、それを印象づける映像を組み立てて作品にするという手順そのものが問題なのだ。事実を主張に合わせて編集するのはドキュメンタリー映画の常道なのだろうが、主張を事実に先行させるのは科学では許されないこと、ご法度である。科学では、現象の本質を理解するためにまず仮説を立て、その仮説が検証されたのちに初めて結論を世に問うことが許されるのだが、「不都合な真実」にはこの検証段階がスッポリと欠け落ちているのだ。「不都合な真実」は科学ではなく、まだ客観性に欠けた個人的な主張に過ぎないと見るべきものなのである。

「不都合な真実」が科学の啓蒙書としては根本的な誤りを犯していることは銘記しておかなくてはならない。

地球温暖化は米国では大きな政治問題である。民主党がCO_2温暖化防止を重要な環境政策と位置付けていて、ゴアもその一翼を担っていたのだが、共和党はその科学的根拠を否定していた。主張は全く相容れず、歩み寄る余地はない。2015年のパリ会議（COP21）で民主党のオバマ大統領はCO_2削減のパリ協定への参加を表明したが、国際条約に必要な上院の2／3の賛成が得られないことが分かっていたので、議会ではこれは条約ではないと強弁した。国際的には条約だが、国内的には条約でないという2枚舌を使ったのだ。2017年に政権が共和党に交代すると、トランプ大統領は直ちにパリ協定からの脱退を宣言した。そして4年後に政権が民主党に移りバイデン新大統領は就任早々、パリ協定への復帰を宣言した。地球温暖化問題は、永年にわたる政治の争点なのである。

アル・ゴアは8年間、ビル・クリントンの下で副大統領をつとめて史上最も有能な副大統領と評価されたが、2000年の大統領選挙に敗れたのを機に政界から身を退いて、その後はCO_2温暖化の脅威を説く伝道活動に専念している。2017年には続編「不都合な真実2（原題：An Inconvenient Sequel - Truth to Power）」を発表したが、これはその後に得られた情報を彼の論旨に合うようにはめ込んだものに過ぎず、以前に指摘された誤りの訂正もされていない。少なくとも彼が最近の気候の科学を学び直した形跡は全く見られない。米国では民主党政権が誕生したので、また時には彼が顔を出すことがあるかも知れないが、「もう過去の人」というのが妥当な評価だろう。

4・4　はびこる俗説を斬る

ＩＰＣＣ報告書にも、ゴアと同様、科学的に誤った記述が数多く見られる。そのうちのいくつかを採り上げておこう。

地球温暖化によって海水面の上昇が激しい。このままでは世界中の沿岸地域が水浸しになり、島しょ国が水没してしまう。

ＩＰＣＣは南極やグリーンランドの大陸氷床が急激に融け始めているので、２１００年には海水面が平均１ｍ近く上昇して水浸しになる沿岸地域がでてくると警告している。もしそれが正しければ、世界の大都市の多くは沿岸地域にあるので被害は莫大なものになる。

ところが実測された海面上昇はこれよりずっと小さいのだ。潮位計データによると、過去３３０年間の世界の海水準変化の形は平均気温変化と極めてよく似ていて、１９００年以後の上昇率は年に約２㎜、１００年で20㎝である（**口絵４ｃ**）。図に示したのは１８００年以後の世界23個所のデータと１９２５年以前のアムステルダムのデータをつないだものであるが、１９９３年以後の衛星（ＧＰＳ）

測定の値（年間1・6〜3・2㎜）もこれとほぼ合っている。

より古くからの海水準の変化を見ると、氷河期に現在より約120m低かった海水準は間氷期に向かって氷床が大規模に融解するにつれて急激に上昇し、約4500〜5000年前に現在の水準に達したのち、急に変化が小さくなった。その後は3000〜4000年前に数m高くなったあと徐々に低下し、2000〜1000年前に1〜2m低くなったあとで再び上昇に転じている。最近の上昇はその延長上にある。現在に至るまで、海水準は極めてゆっくりと変化し続けてきたのだ。

ツバル（南西太平洋）やモルディブ（インド洋）などサンゴ礁の島は標高が2mに満たないところが多いので、海面が上昇すればひとたまりもなく呑み込まれてしまうという議論は海面上昇が誇張されているだけではなく、実は根本的に間違っている。

サンゴは海面近くで増殖し、やがて死滅し、波や風に運ばれて白い砂となって堆積する。こうしてサンゴ礁は氷河期以来100m以上も上昇した海水面を追いかけてきた。サンゴ礁のこの成因は1840年頃に東インド洋のココス諸島を訪れたチャールス・ダーウィンが唱えた説なのだが、最近の詳しい研究によってその正しさが確証された。サンゴ礁は海水面が現在の水準に達する頃から顕著に成長し始め、その後少しずつだが着実に成長を続けてきた（ウッドロフら1999、ケンチら2009、2014）。サンゴは海水準変化に柔軟に対応してきたのだ。最近の海面上昇が速すぎてサンゴの成長による上昇が追い付かないという心配も無用である。南太平洋のフナフチ諸島についての研究によると、調査した27の島のうちで、最近60年間に面積が減ったのは４島に過ぎず、残りは面積が増えたものと変わらなかったものが半々であった（ウェッブら　２０１０）。これはさらに長期にわたるデータでも確認されていて、フナフチ諸島の29島の総面積は過去１００年間、海水準が上昇する間に７・３％増加していた（ケンチら２０１５）。サンゴ礁はサンゴの成長と海流・波・風との微妙なバランスで決まる繊細な地形なのだが、海水準変化に対しては大きな適応力をもっている。

このように、そもそもサンゴ礁は沈まないものなのだ。長年にわたって世界各地の海水準を調べてきたスウェーデンの専門家メルネルは「自分が査読を務めたＩＰＣＣ第４次報告書の執筆者の中には海水準の専門家は一人もおらず、記述は間違いだらけだった」と書いている（メルネル２００７）。

日本のことが心配な人のために、一言付け加えておこう。日本の海水準も数１０００年前に現在より３～５ｍ高くなったことがあり（縄文海進）、２０００～１０００年前の極小を経てふたたび上昇している。しかし気象庁のデータによると、過去１００年間の上昇は５㎝程度で極めて小さいから心配することはない。

地球温暖化によって台風やハリケーン、サイクロン、竜巻などが増えている。

これらの異常気象（極端事象）はたまにしか起こらないが、起こると被害が大きいので、特別な関心がもたれている。しかし、たまにしか起こらないことを予測するのは、長期にわたる気候変化を予測するよりもさらに難しい。ＩＰＣＣの第４次報告書（２００７）では、温暖化に伴ってこれらの事象が起こりやすくなっていると書かれていたが、その後の研究によって両者の関連はほとんど無いことが分かってきたので、第５次報告書では「両者が関連している可能性は低い」という表現に変えられた。

これは観測結果によって裏書きされている。気象庁のデータによると、最近60年間に日本付近で発生した台風の数は全く増えておらず、むしろ減少傾向にある。また、温暖化によって台風が強大化する恐れがあるとも言われているが、世界の熱帯低気圧の強さ（総エネルギー）を調べたマウイの論文（２０１１）によると、近年とくに強大化した様子はない。米国の大平原では年間１０００件もの竜巻が発生し、その数は年によって大きく異なるけれども、１９５０年以来、全体として増えているようには見えない。その他、大雨・洪水・旱魃などの小規模な異常気象についても、第５次報告書は温暖化との関連を示す証拠はないとしている。

以上は第５次報告書・第１作業部会「自然科学的根拠」の結論である。ここでは気候モデルが気温上昇を大きく見積もり過ぎるだけでなく、地域差や局所的な現象を正しく表現できないと認めているのだ。ところが第２、３作業部会（影響と適応策、気候変化の緩和策）の報告では、同じ気候モデルを使って異常気象はすでに起こっていると言い、今後はそれが顕著に現れるだろうという。たとえば中緯度では洪水が起こりやすく、砂漠では乾燥がさらに進む、等々。もはやＩＰＣＣは総身に知恵が回りかねている。科学的根拠のない将来予測は俗説と見なされても仕方あるまい。

最近はどこかで洪水や山火事などの自然災害があると、決まって「地球温暖化」のためとされ、たとえば「大雨が降ったのは温暖化によって海水温が上がったから」というような「専門家」の説明がつけられたりする。2021年のヨーロッパの水害では、現場を視察した政治家が、このような事態を引き起こした気候変動には真剣に対処しなくてはならないと言っていた。いかにも尤もらしく聞こえるが、実はここには誤解がある。気象は常に大きく変動するものであって、このような極端現象は太古の昔から、或る確率で繰り返し起こっていた自然現象なのだ。（その意味では「異常気象」という用語は適当でなく、「極端現象」というほうが正しい。）極端現象については、どうしても最近の経験が誇張されがちなので、記録に基づく客観的判断が必須である。科学的根拠なしに極端現象を「地球温暖化」のためとする報道は無責任と言うべきだろう。

以上、温暖化がらみのいくつかの俗説を取り上げたが、これらの俗説を世に広めたのはアル・ゴアとIPCC、彼らにお墨付きを与えたノーベル平和賞だった。しかし、これはとかく選考に批判のある「平和賞」であって、いかなる意味でもCO_2温暖化の「科学」にお墨付きを与えたものではない。こうして俗説が広められた結果として、巨万の富――どころか世界で数100兆円もの人類の資産が浪費されようとしているのだ。俗説はもっともらしく聞こえるものだ。たやすく信じるのは止めよう。受け売りは止めよう。俗説は人々がそれを信じなくなったときに初めて消えるのだ。その後、CO_2温暖化の計算法を開発した真鍋淑郎がノーベル「物理学賞」を与えられたことについては後に述べる（付録3参照。）

さまざまな俗説を取り上げて批判している著書「地球温暖化狂騒曲」（渡辺２０１８）、「地球温暖化〝CO_2犯人説〟は世紀の大ウソ」（丸山ら２０２０）も紹介しておこう。

ここで、いささか場違いではあるが、最近、出版されたクーニンの著書に触れておく（クーニン２０２２）。訳書の題名は「気候変動の真実」とされているが、原題はズバリ〝Unsettled〟（未解決）であって、そこではＩＰＣＣの気候科学が詳述され、それが如何《いか》に不完全（未完成）なものであるかが論証されている。著者クーニンは米国を代表する理論物理学者であって、気候やエネルギーの問題についての社会の意思決定の際に科学が歪められ政治利用されていることを憂い、科学の公正な扱いを取り戻したいと願って書いたと言う。ＩＰＣＣの「気候科学」の内容と限界を知るための優れた手引きである。ただし、指摘しておきたいのは、この本の目的があくまでもＩＰＣＣの所論に正当な評価を下すことに限られていて、気候変動の真因を探ることではないということだ。だからＩＰＣＣが無視した問題、たとえば太陽活動の影響などには全く触れていない。著者の視野はＩＰＣＣを超えるものではなく、この本に気候の科学の正しい紹介を求めるのは「ないものねだり」と言うべきなのだ。その意味で「気候変動の真実」という邦題は誤訳と言うべきだろう。

4・5　IPCCに集う人たち

前章で述べたように、IPCCのCO_2温暖化論を支えるために多くの科学者が動員された。クライメートゲート事件では、当時、世界の気候研究の中心であった英国イーストアングリア大学気候研究所（CRU）でIPCCの活動に巻き込まれた人たちが経験させられた、与えられた役割と科学者としての良心との相克は、他人事とは思えなかった。CRUの所長として意気軒高だったフィル・ジョーンズの事件後の憔悴しきった姿には（身から出た錆とは言え）同情を禁じえなかった。これらはすべて逆立ちしたCO_2温暖化論が生んだ犠牲者である。

もちろん、中には嬉々として役割を果たそうとする科学者もいた。ホッケースティックを提案して死守しようとしたマイケル・マンや、それが否定された後にも復活させようと暗躍したストッカーなど、その情熱の根源は何だったのだろうかと疑わずには居られない。

IPCCが設立されてから35年、今やCO_2温暖化という基本理念の科学としての誤りは明らかで覆うべくもないのだが、それにも拘わらずその活動が存続しているのは何故なのか。実は、カナダのジャーナリスト・ラフランボアーズの調査によると、IPCCやCOPの活動には国際環境団体（グリーンピースや世界自然保護基金ＷＷＦなど）が大きく関与していて、それらに支配されていると言っても過言ではない状態になっているのだ。ＩＰＣＣへはとくにＷＷＦの浸透ぶりが著しく、第４次報告書の作成には78名が加わっていて、そのうち23名は統括執筆責任者として報告書全体の過半数の章を取り仕切っていた。その他にも多くの環境活動家が重要な役についていた（ラフランボアーズ２０１１）。これでは公正な報告書を期待するなど、無理な相談というものだ。

環境団体の影響力は年を追うごとに大きくなり、現在のパリ協定が目指す２０５０年の世界はこれらの環境団体が描く未来像―産業革命以前の世界―そのものになっている。この世界像はＩＰＣＣの設立時にモーリス・ストロングが抱いていた理想像そのものである。それが環境至上主義者たちによって、さらに強固に護られてきたのだ。ストロングによるオンタリオ州での社会実験、ドイツのエネルギー転換政策の手痛い失敗（７・１節）から何も学ばなかったのか。歯痒い限りである。

第5章

ここまで進んだ気候の科学
——見えてきた地球寒冷化

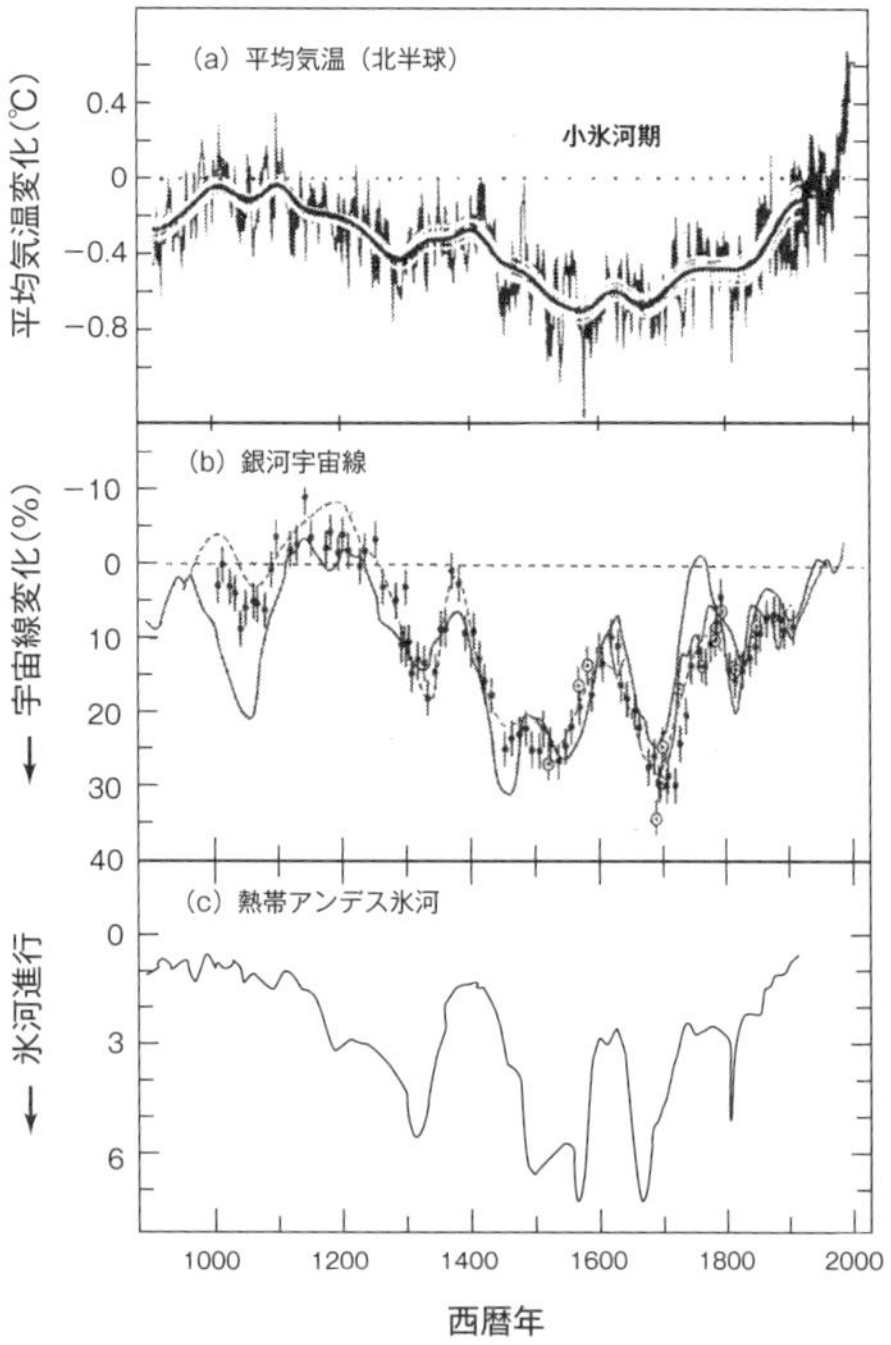

口絵５　気温、宇宙線強度、氷河長の経年変化の比較

(a) 過去1200年間の北半球平均気温、(b) 銀河宇宙線強度と (c) 熱帯アンデス氷河の消長 の経年変化。これらの変動は細部にいたるまでよく対応している。宇宙線強度は炭素同位体^{14}Cとベリリウム同位体^{10}Beから得られた結果をまとめたもの（カークビー 2007）

気候科学の研究は、ＩＰＣＣがCO_2温暖化以外の自然要因を排除しようとしたために正常な発展が妨げられてしまったが、それでも数少ない人たちによって着実に進められていた。20世紀の後半から急速に発展した地球の科学は、21世紀に入るころから「太陽の惑星としての地球」という意識を強くもつようになり、折しも太陽が２００年に一度といわれる大変身を始めていたので、その地球への影響が大きな関心の的になっていたのだ。

そして２００９年にクライメート事件が起こってＩＰＣＣの権威が失墜すると、それまで抑圧されていた非・CO_2温暖化の研究が一斉に公表されるようになった。２０１４年から２０２０年までに発表された論文を見ると、CO_2温暖化論を疑問とするものは２５００篇にのぼり、その中で太陽を主役とするものは６００篇を超えている。

こうして、地上で起こるさまざまな現象を太陽系の惑星空間の出来事として捉える必要性が認識されるようになってきた。地球規模で起こる現象を、地上での限られた観測だけではなく、外からも（大気圏外から）人工衛星によって観測できるようになったことの意義は大きい。また太陽からの熱の大部分を吸収する海洋についての観測網が飛躍的に充実したことで、吸収された太陽熱がどのように気候を決めているのかという基本的な問題の理解も格段に進んだ。太陽と地球についての新しい知識が得られたことで、最近20年にわたる気温の頭打ちの原因が理解され、さらには今後１００年にわたる気温予測の可能性も開けてきたのだ。

ここでは最新の太陽と地球の科学（太陽系の科学）を踏まえて、太陽活動が地球の気候をどのように決めているのかを説明しようとする。これは、今まさに発展しつつある分野で、CO_2温暖化論に代わって今後の気候科学の核心となるはずのものである。

5・1　観測技術の革新——地球の平均気温が正しく測れるようになった

IPCCがCO_2温暖化論を主張したことで最近の気温変化が俄かに関心の的になったが、問題がそう単純でないことは初めから分かっていた。気温はもともと自然現象として不断に変化するものだし、調べてみると気温測定そのもの（観測法と観測網）にも問題のあることが分ってきた。地球全体にわたって平均気温変化を正しく知ることの重要性が改めて認識されてきたのだ。ここではまずそれが得られるようになった経緯を述べておく。

▼体験的温暖化は、実は都市化によるもの

中年以上の人には、自分は地球温暖化を体験したと思っている人が多いだろう。大戦中、私が住んでいた東京郊外では防火用水にたびたび厚さ2cmもの氷が張ったものだが、今では薄い氷でさえ張ることはなくなった。これが過去60～70年間に私が体感した温暖化である。

ところが、過去80年間の日本各地での気温上昇を比較してみると、それには大きな地域差があって、東京では2・5℃も上ったのに対して中都市では1・5℃程度、田舎では1・0℃以下でしかない。大都市ほど気温上昇が大きくて、それは年を追うごとに（とくに70年代以後に）大きくなっていたのだ。これは都市化の影響（ヒートアイランド効果）と考えられる。その主な原因は人間活動による熱放出が都市に集中することだが、環境変化の影響もある。たとえば夏の暑い日に、芝生の上で気温が25℃であるとき、コンクリートの上では10℃以上も高くなってしまうし、温度計のまわりの風通しが悪くなることでも0・4℃くらい高くなり得る。都市で良い測定環境を維持するのは容易ではないのだ。

元東北大学教授の気象学者近藤純正が全国を実地調査して調べた結果によるとヒートアイランド効果による気温上昇はほぼ都市人口に従って大きくなるが、人口2～4万の小都市でも100年当たり0・4～0・6℃に達していて無視できない。2010年の統計によると日本で人口10万以上の都市に住む人は全体の70％を超えているので、国民の大多数は人口2～4万以上の都市に住んでいることになる。我々が体験した温暖化のかなりの部分は都市化によるものだったのだ。

米国でも、一部の観測点が劣悪な条件にあると指摘されたことがきっかけで、全観測ステーションの環境を調査しようというキャンペーンが行われた。結果は予想以上にひどいもので、2009年の時点で測定誤差が1℃以下のものは10％に過ぎず、1～2℃が22％、2～5℃が61％、5℃以上が8％であった。こうして、報告された気温上昇のうちのかなりの部分が測定環境の悪化によるものではないかと考えられるようになった。

その後、ロイ・スペンサーは都市化の影響を観測によって求めるため、米国内の約１０００か所について居住地域と約１００km離れた非居住地域の気温を測って比べてみたところ、気温差はほぼ人口密度に比例して上昇することを見出した。その影響はかなり大きくて、１km²当たりの人口１００人で約１℃まで急上昇し、その後は１０００人で約１・５℃、５０００人で約２℃と緩やかに上昇する（スペンサー ２０２１b）。これによると、陸上での測温は、ほとんどすべての場合にヒートアイランド効果の影響を受けていることになる。

▼観測方法の革命——気象衛星とアルゴフロート

以前は地球の平均気温を知るために、陸地では観測ステーション、海洋では船舶による測定データを集めていたのだが、それにはヒートアイランド効果などの問題に加えて、そもそも観測地点が限られていて分布に偏りがあるという問題があった。これらの問題を解決するために開発された革命的な観測法が気象衛星による上空からの測定と、アルゴフロートによる海洋観測である。

気象衛星は１９５０年代から始められ、現在は30個ほどの各種の衛星が上空でさまざまな測定を行っている。なかでも米国宇宙航空局（ＮＡＳＡ）が運用している気象衛星ノア・シリーズは１９７９年以来、継続的に全球的な気象情報を提供し続けている。ノアは平均高度８１０kmで両極を通って南北に周回する。周期は100分だから1日に14・4回、少しずつ向きを変えながら周回し、地球全体を走査して観測データを送り続ける。したがって、全地球平均を求めるためには、地上の限られた観測点に頼るよりも格段に優れている。ただし、はるか上空で観測されたマイクロ波スペクトルを解析して対流圏下部の気温を算出していて、下部といっても高度約4㎞なので、平均気温は地表より25℃ほど低くなっている。したがって地上観測と比較するときには過去のある期間の平均を基準にとって、それからの変化分を比べることになる。いずれにせよ、測定データもそれから温度を求める解析法もすべて公開されており、2つのグループによって求められた気温はよく一致している。地球全体の平均気温変化を求めるためには、衛星観測データは地上の機器観測データより信頼できると考えてよい。

一方、海洋観測のために開発されたアルゴフロートは、深海までの水温と塩分濃度を計測する自動観測装置で、発案されたのは1950年代だが、国際的な観測プロジェクトの本格的な運用が始まったのは2003年である。その後プロジェクトは順調に発展して2018年には、26カ国のアルゴフロート3952本が全海洋をくまなくカバーしている。装置は径20㎝、長さ100~150㎝の縦長の円筒内に収められている。水深1000mまで沈降したのち9日間滞留し、一たん2000mまで沈降してから10時間かけて浮上する際に水温と塩分濃度を測定し、浮上後に上端に立てられたアンテナから観測データを送信する。このサイクルが装置の寿命4年にわたって自動的に繰り返されるのだ。

海洋全体の平均水深は約3800mであるが、そのうち水深1000m以内では黒潮・親潮・赤道海流などの表層流が網目を形成していて、海水は1年程度で循環している。一方、それより深いところ（深層）には地球規模の大循環流がある。グリーンランド沖や南極域で冷やされて沈降した海水が北太平洋やインド洋で温められて浮上し、再びグリーンランド沖に戻るのだ。これは一巡するのに1500〜2000年かかると言われている。

地球に供給される太陽熱は地表と大気に約2：1の割合で吸収されるが、海洋は蓄熱能力（熱容量）が大きいので、そのうち約90％は一たん海洋に貯えられてから長期間にゆっくり放出される。また赤道付近で吸収された熱の南北への移動は、海洋と大気がほぼ同量ずつ担っている。こうして熱と水（水蒸気）が海洋と大気の間でやり取りされることで地球の気候が決まっているのだ。海洋がいかに重要な役割を果たしているかが分かるだろう。アルゴフロート観測網の最大の意義は、水深2000mまでの海水による熱輸送・貯蔵についての詳細な研究を可能にしたことである。

衛星測定と海水温測定データの比較（**カラー口絵1**）を見ると、両者は1979〜2022年の全期間にわたって細部に至るまでよく合っている。これは衛星データから地表温度を得るための高度差にもとづく温度補正は、ある期間（この場合は1979〜1983年）の平均値を合わせてやればよいことを示している。

5・2 見えてきた太陽の新しい姿

われわれにとっての太陽はいつも変わることなく光と熱を送り続けてくれる、穏やかで有難い存在だが、その実体は巨大な荒れ狂う星である。太陽は煮えたぎる水素の塊で、いつも途方もない量のエネルギーと物質（水素）を周囲に放出しており、また途方もなく強い磁石でもある。しかも、その状態はいつも激しく変化していて、その影響は太陽系全体に及んでいる。太陽の実体はまことに捉えにくいものなのだ。しかし最近、衛星観測を含むさまざまなデータが蓄積されたことにより太陽研究は急速に進みつつあって、その実体が次第に明らかにされつつある。

ここでは新しい太陽の科学に基づいて、地球の気候がどのように決まっているのかを説明しようとする。なお、太陽についての基礎的なことは付録1「太陽の成り立ち」にまとめてあるので参照されたい。

太陽の中では水素の核融合によって中心部（コア）で発生した熱が表面まで運ばれ、そこから放出される。地球の大気圏外に出て精密に測定した結果、太陽からの熱量は1㎡当たり1366W（1㎠当たり毎分2 cal）と得られた（これを太陽定数という）。これは莫大なもので、全体では毎秒、広島原爆5兆個のエネルギーを放出していることになる。

▼太陽磁場

太陽は巨大な磁石で、その強さは地球磁石の約10万倍である。地球磁石が南北に固定されているのに対して、太陽では南北に向く大きな磁石（主磁場）の他に大小さまざまな磁石があちこちに分布していて、時間的に大きく変動している。その変動磁場はかなり強くて、ときには主磁場がほとんど見えなくなってしまうこともある。これらの磁場の源は、対流層のプラズマ中に引き起される大小さまざまな渦のダイナモ（発電）作用による。

黒点は局所的な磁石の一種で、周囲より温度が低いために黒く見える。ふつうは対になって現われ、赤道に向かって移動しながら数日から2週間の後に消えていく。

400年前にガリレオ・ガリレイが発見して以来の黒点数の経年変化を**図5―1**に示す。黒点数は約11年周期で増減（サイクル）を繰り返すが、それに加えておよそ100年ごとに大きく変動している。1650～1700年頃と1800年頃の極小期はマウンダー期、ダルトン期と呼ばれている。マウンダー期には100年近くにわたってほとんど黒点が見られなかった。この長期にわたる黒点数変化が古気候学で知られていた小氷河期に対応していることは以前から注目されていた。これについてはのちに詳しく述べる。ダルトン期以後1900年ごろにも小さな谷があり（グライスバーグ期）、

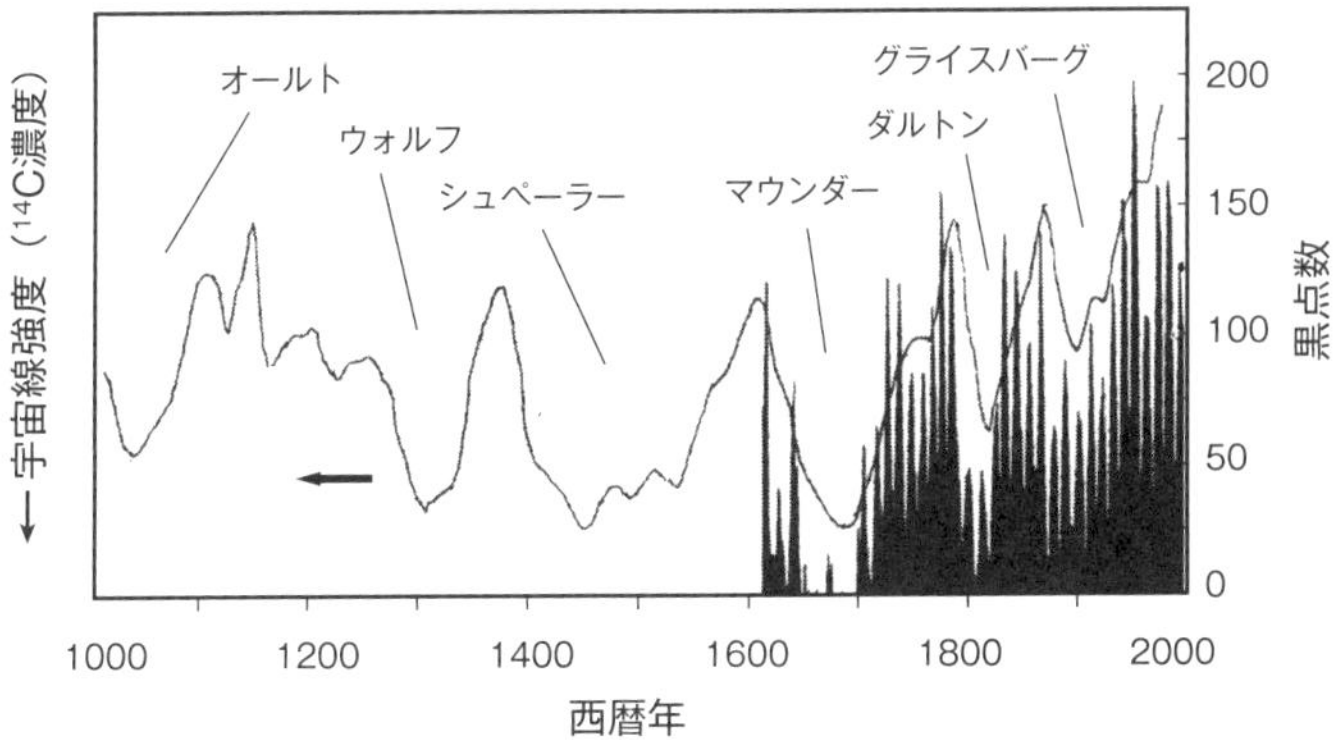

図5-1　過去1000年間の宇宙線強度と黒点数の相関

宇宙線強度（実線）は炭素同位体^{14}Cから求めた値の10年平均で、下向きに目盛ってある。両者の長周期変動はよく合っている（スツイヴァーら1998）。

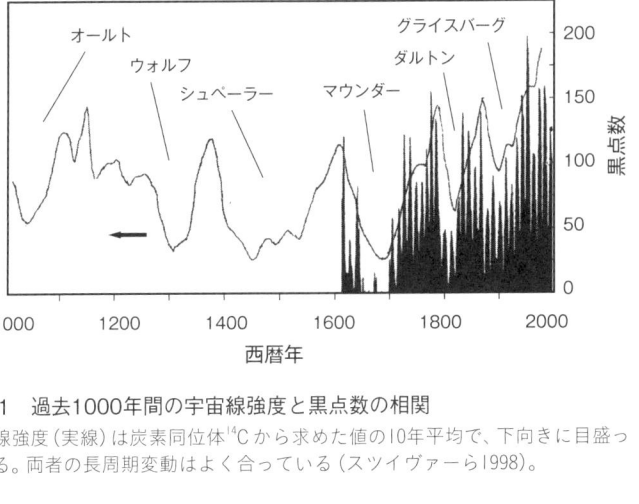

その後は1950頃の大きな山を越えて次の谷に向かっているように見える。そして現在、黒点数は急激に減少している。現在のサイクル（サイクル24）での最大値は前回に比べて約1／2に減っている。

図5―1には地上に到達した宇宙線の強度も記入してある。これも黒点数の長周期変動とよく対応していて、「マウンダー期、ダルトン期、グライスバーグ期などが明らかに見てとれる。それ以前に太陽活動の極小期が何度もあったことも分る。これは黒点数が増えるときには太陽活動が激しくなって磁場が強くなり、宇宙線が太陽系に入るのを妨げるからである（付録1「太陽の成り立ち」参照）。

黒点数の増減とともに太陽磁場も約11年周期で強弱を繰り返している。実は1回毎に極性（向き）が反転するので、磁場の変動周期は約22年ということになる。黒点と磁場の変化が同期して起こることは、これらが共通の原因、すなわち対流層でのプラズマの流れによって引き起こされていることを示している。ついでに触れておくと、これらの周期は太陽活動が強いとき、すなわち黒点数が多くて磁場が強いときにはいくらか短くなり、弱いときには長くなる。したがって、今後はカッコつきで「11年周期」と書くことにする（**図5−7**参照）。現在は、黒点数の減少とともに太陽磁場も急速に弱くなっている。

▼今後の太陽活動はどうなるのか

ここで、常に変動し続けている太陽活動が現在どこまで理解されているか、今後の予測はどこまで可能なのかを述べておこう。そのためには、太陽磁場を作り出すプラズマの流れ（ダイナモ）と、それが10年、100年の時間スケールで変化する原因を問うことになる。

太陽が南北方向に向く磁石になるためには赤道面内に大きな環状電流があればよいのだが、これに代わるものとして南北方向の小さな磁石を作る環状電流すなわちプラズマの渦が数多くあってもよい。そこで、表面近くの対流層の中でプラズマ渦が南北の流れに乗って約11年かけて赤道まで移動するサイクルが繰り返されるというモデルが考えられた。そして、ごく最近、この対流層中の南北の流れが2層に分かれている可能性が指摘されて、この描像が大きく書き換えられることになったのだ（**図5−2**）。以下にそれを説明する。

ザルコヴァら（2015）は黒点数の経時変化が単純な増減ではなく、ときには山が2つに分裂する

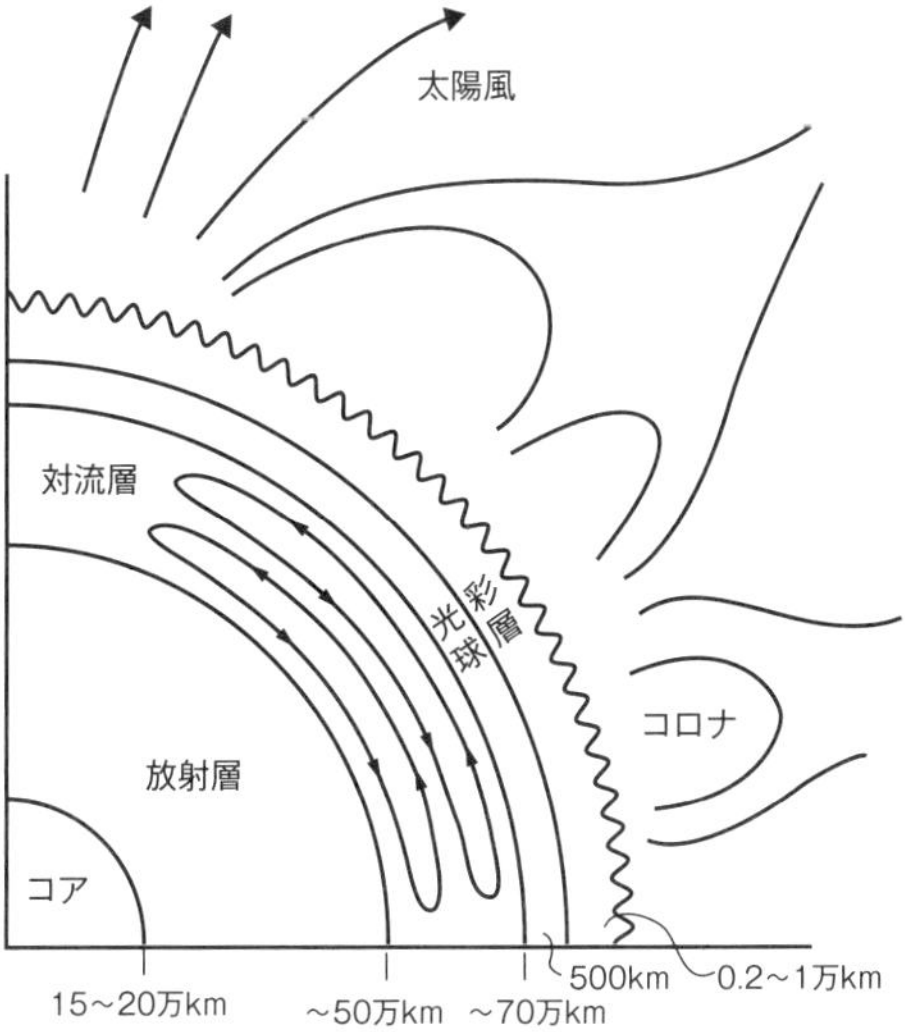

図5-2　太陽内部構造の新発見
対流層が2重になっていて、僅かに異なる速さで南北に還流している（ツァオら2013、ザルコヴァら2015）

など複雑な変化をすることに注目し、これは複数の過程が重なり合っているためだろうと推測して解析を試みた。黒点数の代わりに太陽面上（南北）磁場の経時変化を分析したところ、周期が僅かに異なる2成分の重ね合わせでほぼ記述できることが分かったのだ。この2成分はツァオら（2013）がウィルコックス太陽研究所の観測に基づいて提案していた対流層の2層構造（**図5－2**）に対応するものと考えられる。

図5－3に、サイクル21～26にわたるこの2成分の経時変化を示す。両成分は振幅がほぼ同じで位相がずれている。これらを足し合わせたものが全体の磁場（**図5－3a**）で、その強さ（絶対値）が**図5－3**

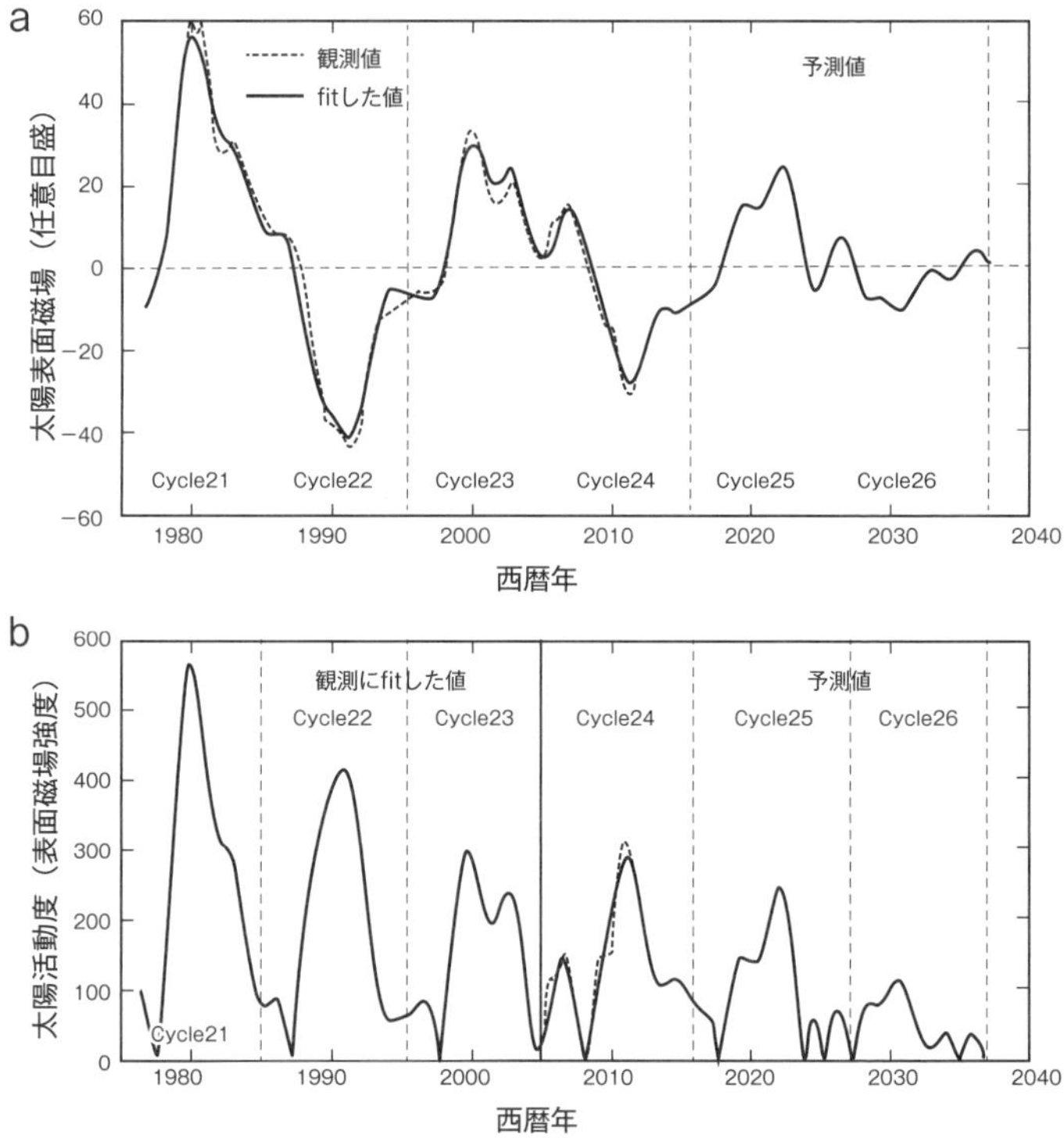

図5-3　太陽表面磁場の経年変化

対流層が2重構造をもつため太陽表面磁場は2成分の和になる。サイクル21〜23の観測値を正弦波の和で表現して、以後の予測に使う。(a) 合成磁場（2成分の和）の経年変化、(b) 合成磁場の絶対値（磁場強度）の経年変化。サイクル24では観測値（点線）とよく合っている（ザルコヴァら2015）

bである。（黒点数の１サイクルごとに磁場の向きは反転するので、磁場の周期は約22年になる。）この図はサイクル21〜23の範囲で観測データを表す数式（３角関数の和）を求めて、これをサイクル24〜26に外挿したものである。表面磁場の強さと黒点数を重ねて書いてみると両者はよ

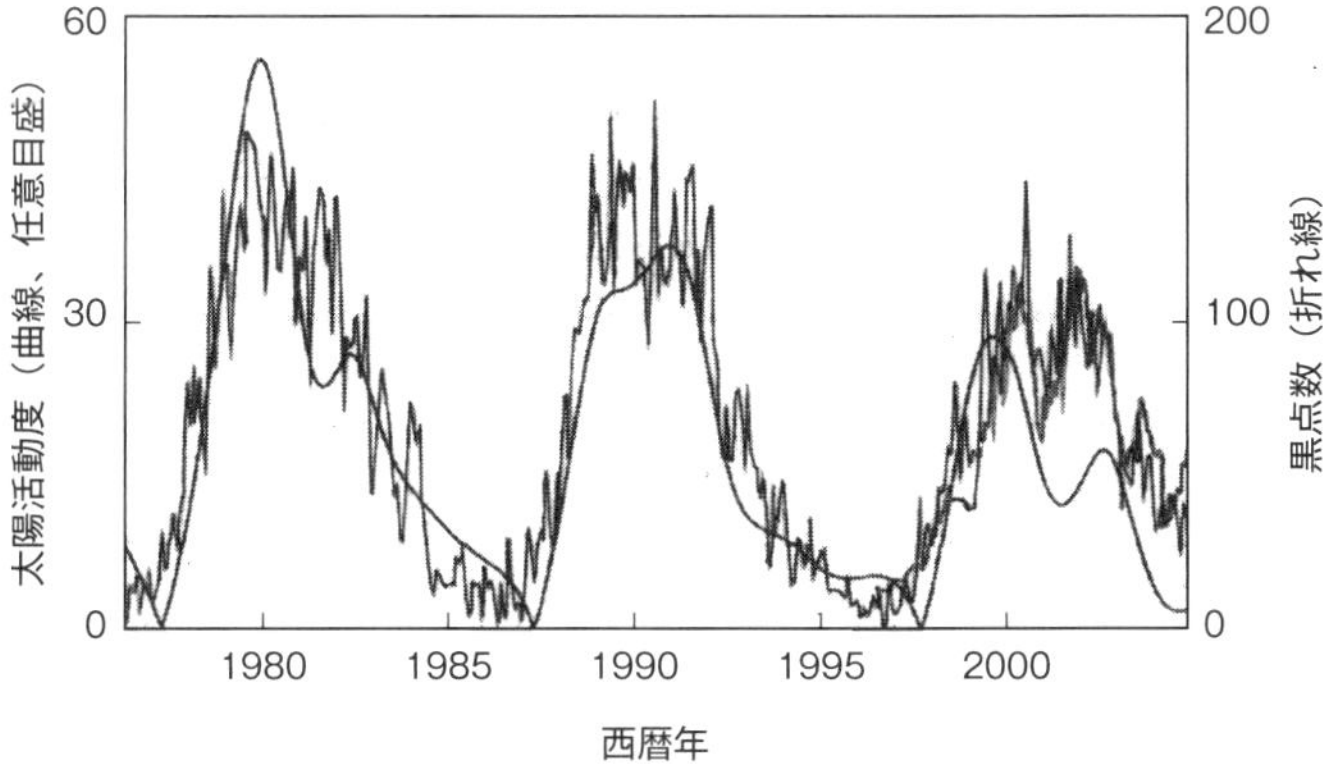

図5-4　表面磁場の強さと黒点数の相関（サイクル21～23）
両者はかなりよく合っているので太陽活動の強さの目安と考えてよい（ザルコヴァら2015）

く一致するので（**図5－4**）、これらを太陽活動の指標にすることができる。**図5－3b**を見ると、太陽活動はサイクル21～26にわたって次第に弱まり、サイクル26で最も弱くなった後で回復に向かう。

この表式によって磁場の長期間変動を計算してみた結果を**図5－5**に示す。太陽活動の過去の記録（**図5－1**）と比べてみると、長周期変動の特徴はかなりよく捉えられていて、少なくともウォルフ、マウンダー、ダルトン極小の年代はほぼ正しく再現されている。これを踏まえて今後の変動を調べてみると、直近のサイクル25～27（２０２０～２０５３年）と24世紀（２３７０～２４１５年）に極小が予測される。直近の極小期は比較的短くてダルトン期に似ており、24世紀の極小はマウンダー期に似ている。

ザルコヴァらは、過去３０００年の太陽活動の計算結果をさまざまな記録（黒点、オーロラ、気候の指標

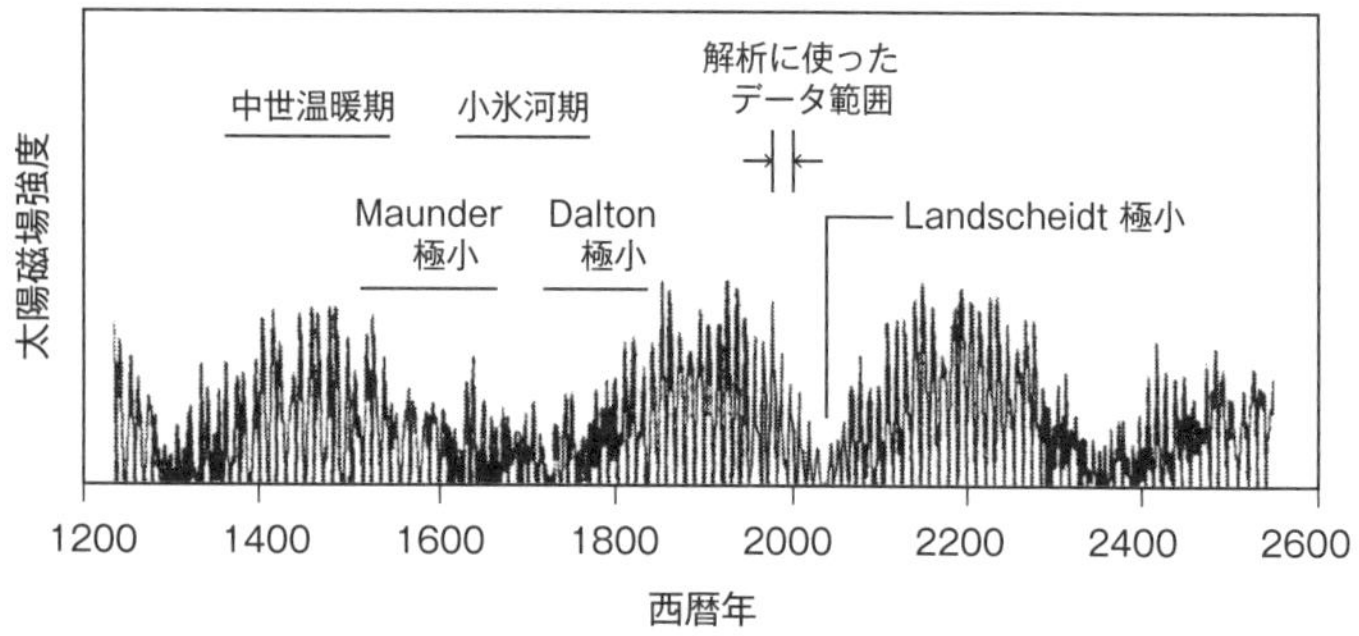

図5-5　太陽表面磁場の予測

太陽表面磁場の観測値（サイクル21〜23）をもとに予測した1200〜2400年の表面磁場強度。これを太陽活動の経年変化と見なすことができる（ザルコヴァら2017）

など）と照合して、よく一致することも確認している（ザルコヴァら２０１７）。ホーマー、オールト、ウォルフ、マウンダー極小期と、ローマ、中世、現代極大期などである。

このような長周期変動の原因として考えられたのは、惑星運動が太陽に及ぼす影響である。惑星は太陽の周りを公転しているのだが、太陽も惑星から反作用の力を受けて僅かながら位置を変える（小さな運動をする。）太陽の質量は惑星に比べて圧倒的に大きいけれども、木星の質量は太陽の１０００分の１はあるので太陽の運動に及ぼす影響は決して無視することはできないだろう。その運動に伴う太陽の位置と回転状態の変化は、惑星の位置によって決まり、巨大惑星（木星、土星、天王星、海王星など）の公転周期（の和と差）で決まるいくつかの周期で変化することになる。これらの惑星の公転周期は10〜１００年程度なので、これを太陽の状態変化の原因と考えることはごく自然な発想である。太陽は極めて変形しやすいプラズマの塊だから、小さい力に対して大きなレスポンスをする可能性があるのだ。この発想は、氷河期・間氷期の繰り返しがミランコヴィッチサイクル[2]で説明されたことにヒントを得たものに違いない。

2　惑星運動の影響による地球自転軸の傾きの周期的変化

ランドシャイトは1000〜2250年にわたる期間について太陽が惑星から受ける力を計算し、それに基づいて今後は2030年と2200年に黒点極小が起こると予測した（2003）。このような惑星運動の影響は太陽の状態変化を起させるには小さすぎるとして太陽科学者の間では真剣に取り上げられなかったけれども、その後、再認識されつつある。アブリューらは9400年前までの宇宙線強度と惑星運動との強い相関に基づき、これまでの太陽活動極大期は2020年には終了して今後100年以内に極小期が到来すると予測している（2010）。スタインヒルバーらが求めた過去9400年間の太陽活動の変化（**図5-6**）を見ても、最近の極大は数1000年に1回という稀に見る大きさなので、これがさらに続く確率は極めて低く、これからは下降に向かうものと考えられる。またスカフェッタも惑星運動の解析から太陽活動は2020〜2045年にわたって極小になると予測している（2012）。ザルコヴァらの理論が太陽の表面磁場分布という黒点数より格段に多くの情報

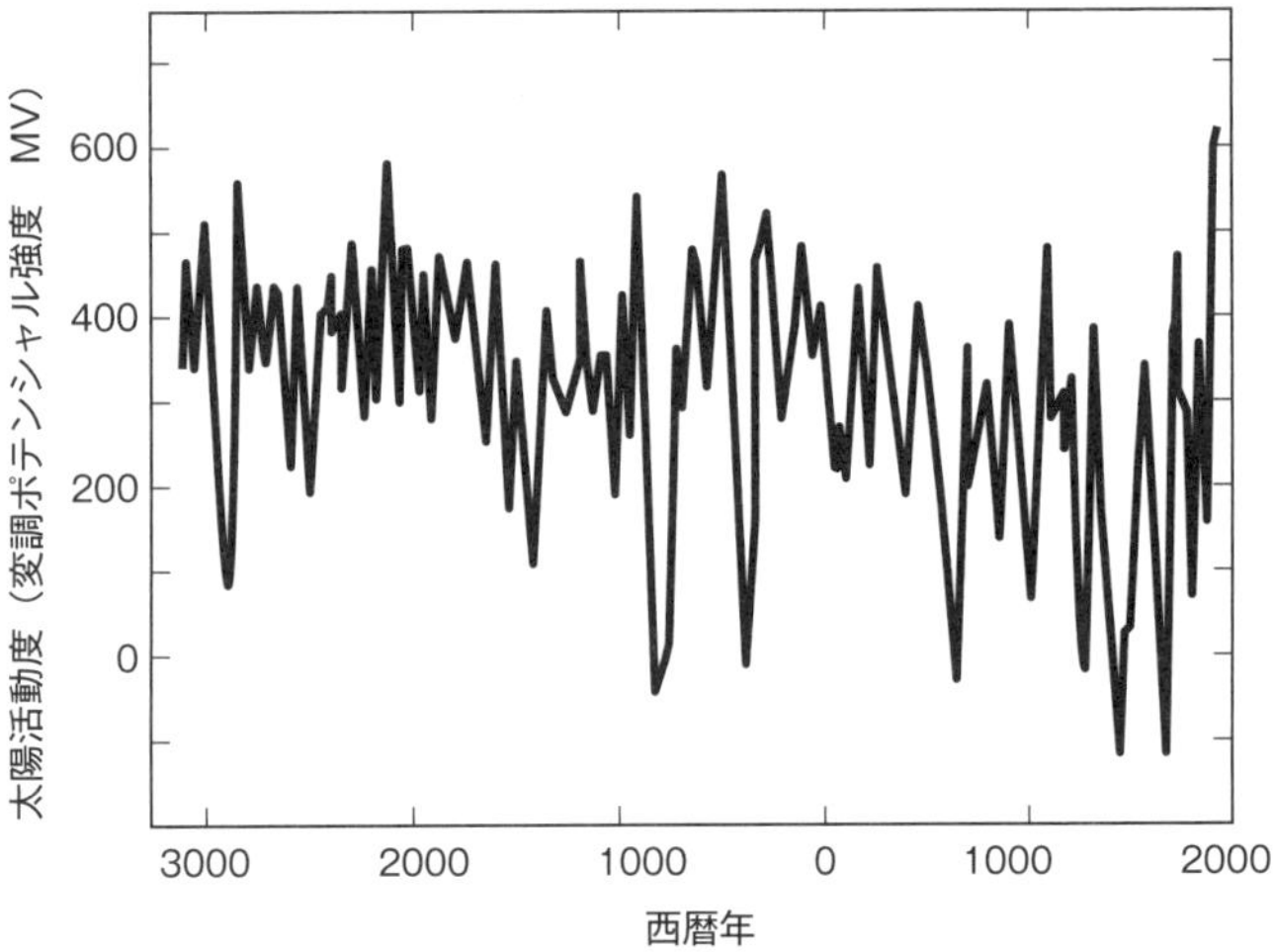

図5-6　過去9400年間の太陽活動変化
太陽活動は宇宙線強度から求めたもの。最近の太陽活動は稀に見る強さであったことが分かる（スタインヒルバーら2012）

に基づくものであり、これによって対流層の二重構造と太陽活動の長期変動がともに矛盾なく理解できたことは大きな成果であった。限られた期間の情報から長期にわたる変動を予測することには限界がある筈だが、過去の変動をほぼ正しく再現できたことはその制約が大きくはないことを実証したと考えてよい。この予測は惑星運動に基づくランドシャイトの予測とも一致している。彼は在野の一匹狼として、いろいろとユニークな仕事を残したが、この論文が発表された年に世を去った。ここでは、この２０３０〜２０４０年の極小（ランドシャイト極小）について気温予測を行うことにする。

黒点の成因さえも十分に解明されていない太陽の科学の現状では、ランドシャイトによる発見やザルコヴァらの現象論が正当に評価されないのは仕方のないことだろうが、いずれは発見的・先駆的な仕事として評価されるに違いない。そこでここでは、もう一段、発見的アプローチを重ねることで、気候変動の真因に迫ろうとする。

次節では太陽活動以外の要因も考慮に入れて気候変動の解析を行う。

5・3　太陽はこうして気候を決めている

▼太陽活動と気候の密接な関係

太陽活動が気候変動に大きな役割を果たしていることは、太陽黒点数と気候の相関として知られていた。1801年に英国の科学者ハーシェルは、太陽の黒点が少ないときに小麦の値段が上ったのは黒点数が少ないと雨が少なくて小麦の収量が減ったからだろうと言っている。のちには、マウンダー期などの黒点極小期は長い寒冷期（小氷河期）であったことも認識されていた。ジョン・エディーはさらに古い記録から過去の太陽活動を復元し、気候との関係ひいては文明との関係までも含めた考察をして、太陽活動と古代文明との間に密接な相関があることを示した。しかし、この相関の科学的根拠を究めることはエディーの限界を超えていた。ここでは最新の太陽研究の成果を踏まえて、その限界を一歩、越えようとする。

このように気候の長期変動の原因は太陽からの流入エネルギーの変動であるように見えたのだが、大気圏外で流入エネルギーを測定した衛星観測の結果、太陽活動の「11年周期」についての流入熱量の変動幅0・1％から見積もられる気温変動は0・2℃に過ぎず、これでは長期の変動も極めて小さいと考えざるを得ないということになった（**図付1**）。

こうして気候変動の外的要因としての太陽活動は次第に軽視され、大方の関心は温室効果気体であるCO_2の濃度増加による温暖化へと移っていき、やがてCO_2主因説に支配されるようになっていったのだ。

しかし、太陽活動と気候変動の間のもう一つの接点は、1991年、デンマークのフリース・クリステンセンとラッセンによって見出されていた。彼らは過去100年余りの気温と太陽活動の相関についての新しい発見をした。黒点数が多いときには「11年周期」が短くなることに着目して、その周期の変動と北半球の平均気温との関係を調べたところ、**図5－7**に示すように両者の間には極めて高い相関があったのだ。この相関はさらに古い時代まで調べられ、1700年頃の寒冷期や1000年頃の温暖期に対しても成り立つことが認められている。宮原ら（2010）によると、変動周期はマウンダー期には約14年と長く、中世温暖期には約9年と短くなっていた。**図5－7**を詳しく見ると、気温のほうが約10年遅れており、また2000年以後には相関が崩れて気温が高くなっている。その意味するところはのちに述べる。

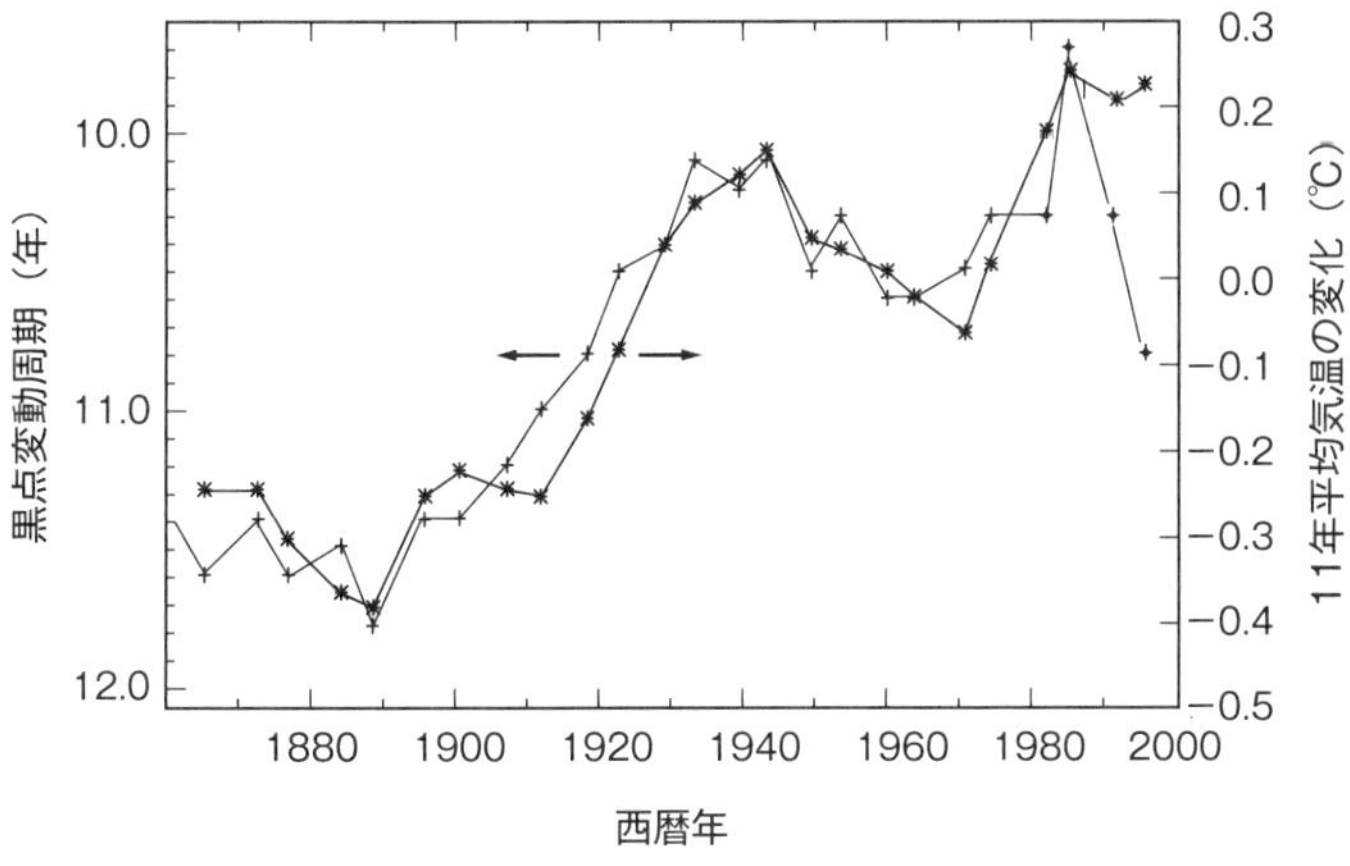

図5-7　太陽黒点数の変動周期と気温の経年変化（1860〜1980）
両者の相関は極めて高い（フリース - クリステンセン、ラッセン1991）。

デンマークでの次の発展は、1998年にヘンリック・スヴェンスマークによってなされた。彼は黒点数ではなく、銀河宇宙線の強度変化に着目したのだ。気象衛星で観測された雲量（雲で覆われた地表面積）を低層（3・2km以下）、中層（3・2〜6・5km）、高層（6・5km以上）に分けて地上で計測された宇宙線強度の時間変化と比べてみたところ、低層雲との相関が極めて高く、より高い雲については、このような強い相関は見られなかった。これは飛来する宇宙線が低層雲量を増加させ、それが太陽光を反射するために地表の気温を低下させたものと解釈された。地表を覆う雲の約60%は低層雲なので、その変化は気候に対して大きな効果をもたらすというのだ。これについては様々な問題が指摘されていたのだが、最近までの観測結果によって、大筋で正しいことが確認されている（**図2−1**参照）。

スヴェンスマークは宇宙線が雲を生成する機構を調べる実験にも取り組んでいて（２００７）、その流れは現在も引き継がれている（次項参照）。

太陽活動が宇宙線を介して地球の気候に影響するというこの革新的な理論は一般向けの本として出版されて大きな反響を呼んだ（スヴェンスマーク・コールダー２００７）。この本は CO_2 温暖化を標榜する「主流派」から目の敵にされ、激しい中傷の的にされたが、今日でもその骨子は揺らいでいない。今後も読み継がれるべき名著である。邦訳が出版されたので一読を勧めたい。

スヴェンスマークの発見に続いて、気温と宇宙線との相関を示すデータがいくつも発表されている。**口絵5**はカークビーの総説からの引用である。過去１２００年にわたって北半球の平均気温と宇宙線強度の変化はよく対応しており、気温変化の指標となる南米アンデス氷河の消長ともよく合っている。なお15世紀から19世紀にわたる気温の谷の中にはいくつもの山と谷のあることが氷河の消長に現われており、これが宇宙線強度の変化によく対応していることに注意されたい。前章に述べたように、多くのデータを合成して得られた平均気温からは、このような比較的短期間の気温変化を読み取ることはできなくなっている。

地球の気温を決めるのに宇宙線が効いているというもう一つの証拠が、宮原らによって得られている（宮原ら２００８、２０１０）。地球の平均気温に「11年周期」の2倍の周期、すなわち太陽磁場の変動周期をもつ成分が見出されたのだ。太陽と地球の間の太陽磁場は「22年周期」で変動し、そこを通り抜けて地球に到達する宇宙線も「22年周期」で変動することになる。だから平均気温が「22年周期」で変動する成分を持つことは、太陽活動が宇宙線を通して気候に影響している証拠と言えるのだ。

宮原らは過去1200年にわたる宇宙線強度（樹木の^{14}Cから）と平均気温（氷床の^{18}Oから）を比較することで、両者がともに「22年周期」（マウンダー期では、実際には28年周期）で変動していることを示したのである。これは宇宙線の気候への影響を知る上で極めて重要な　歩であった。

▼雲はどのようにできるのか

こうして宇宙線が気温を決めていることを示す多くの傍証が得られてきたのだが、これらは今一つ、気象学者への説得力に欠けていた。それは宇宙線が雲を作り、それが気候を決める一連の機構が明らかでなかったからである。しかし、最近それがほぼ解明されてきたので、ここでその現状を紹介することにする。

雲の研究には長い歴史がある。水蒸気から雲の微小な水滴ができるために核となる微粒子が必要なことは古くから知られていて、その微粒子はエアロゾルと呼ばれている。

まずエアロゾルについては、それが常に硫酸（H_2SO_4）を含んでいることが謎だった。その濃度はかなり高くて成層圏では硫酸75％と水25％であり、対流圏では水を吸着して粒径が大きくなるにつれて濃度は下がるけれども、それでもかなりの硫酸を含んでいる。この硫酸がどこから来るのかが謎だったのだ。

それが植物プランクトンから放出される硫化ジメチル（ＤＭＳ：CH_3-S-CH_3）の酸化に由来すると推定されたのは１９８０年前後のことだった。植物プランクトンはどこの海にも居る生物で、ときには広い海面の色を変えてしまうほど大量に発生することもある。その代謝で生じるＤＭＳも、実は「磯の香り」として、われわれに馴染みの深い物質である。

他方、エアロゾル粒子から雲の水滴まで成長する過程についても盛んに研究が行われ、その結果、エアロゾル粒子が放射線によってイオン化され水を吸着して成長した後に凝集するものと結論された。この結論が得られたのは２０００年を過ぎた頃のことである。

このことはスヴェンスマークらの実験によって示された（２００７、２０１３年）。彼らは大きなプラスチック容器の中に空気と大洋上の空気中に含まれる微量ガスを入れ、太陽光に相当する紫外線と宇宙線に相当する放射線（ガンマ線）を当てて反応を調べたのだ。この実験の結果、硫酸イオン（SO_4^{-2}）を含む小さな水のクラスターは、放射線の作用がないときには粒径50 nm（1 nm = 10^{-9} m）には到達できないのだが、放射線が当てられると少なくとも65 nmまで成長し続けることが分かった。ここまで成長すれば、あとは雲の水滴まで自然に成長することができる。自然条件下で硫酸を含むエアロゾル水滴核には自然の微量成分（アンモニアなどのアルカリや有機物など）が含まれている筈なので、そこに宇宙線が作用すれば雲の生成をもたらし得ることになる。

宇宙線による凝集核生成のさらに綿密な実験は2006年にカークビーを中心とする国際チームによって欧州原子核研究機構（CERN）で行われた（デュプリシら2010、カークビーら2011）。これはスヴェンスマークの実験とは比較にならない大規模なもので、反応チェンバーは宇宙線から完全に遮断され、その代わりに宇宙線のミュー中間子とほぼ同じ質量とエネルギーを持つパイ中間子を加速器で作って入射させ、生じるエアロゾル粒子を計測するようになっている。その結果、硫酸イオンを含む空気中での凝集核生成は微量のアンモニアによって促進され、放射線によるイオン化でさらに促進された。これはスヴェンスマークらの実験結果を支持している。

▼極渦のはたらき

ところが最近、スヴェンスマークらが示した銀河宇宙線と雲の間の強い相関はいつも見られるわけではないことが観測されて、再検討がされている（ヴェレテネンコら2018）。1983〜2000年の間は宇宙線強度と低層雲量はともに「11年周期」で変動していて、両者の相関は明らかだが、その相関は2000年頃から崩れてしまう。

ヴェレテネンコ、オグルツォフ（2012、2014）は相関が失われる原因を追究しているうちに、ちょうどこの時期に極域の大気構造が大きく変化していたことに気が付いた。2000年頃から宇宙線強度と低層雲量の相関が失われたのは、極渦が弱くなり始めたことによって大気構造が乱されたためと考えられる。

彼らは、その後、２００５年1月15～20日の太陽コロナ放出イベントを解析して、放出される太陽宇宙線の強弱が極渦（成層圏西風の風速）の強弱を引き起こしていることを見出した（ヴェレテネンコ、オグルツォフ２０２０）。スカフェッタ（２０１０）は世界の平均気温と太陽活動の両方が約60年という同じ変動周期成分をもつことを指摘していたが、それは極渦構造を通してつながっていたのだ。銀河宇宙線に比べてエネルギーが小さい太陽宇宙線は地球磁場の影響で極域だけに集中して流れ込むため、とくに極域で顕著な影響が見られることになるのだ。

こうして、以前には太陽からの流入熱量の大きな熱帯がもっぱら関心の的だったのだが、ごく最近、大量の太陽宇宙線が流入する極域が関心を集めるようになった。この極域大気構造が極渦（polar vortex）と命名されたのは２０１４年のことであって、宇宙線が極渦を通して世界の気候に影響を及ぼすことは最新の研究成果なのである。

ここで最新の話題をもう一つ付け加えておく。赤道付近の海流によって引き起こされるエルニーニョ・ラニーニャ現象が太陽活動とくに「22年周期」と同期しているという話である（リーモンら２０２１）。これは太陽磁場の変化が2～3年ごとの気温変動のキッカケになっていることを意味している。その機構は今のところ分からないのだが、宇宙線はエルニーニョ・ラニーニャ現象が起こる赤道域にほとんど入れないので、宇宙線以外の作用によるものに違いない。今後の課題である。

5・4　今後の気温予測——温暖化から寒冷化へ

これまでは太陽活動が宇宙線を通して地球の気候を決めている機構を説明してきた。これからは、この考え方にもとづいて現在の気温の頭打ち現象がどのように理解できるのか、また今後の気温はどのように推移するのかを考えようとする。

太陽はいま大変身しつつある。太陽磁場は2000年頃（サイクル24）から急速に弱まり、宇宙線強度は強くなっていて、新しい太陽の科学によると2030〜2040年頃に200年前のダルトン極小に近い状況が再来するものと予測される。気温も大きく低下するはずである。ここではその考察をできるだけ定量的に進めようとする。

▼過去170年の気温変化を解析する

過去170年間の気温変化を解析することから始めよう。この期間にはCO_2の増加にともなう気温上昇も起こっているはずなので、太陽活動の影響（自然要因）とCO_2の影響（人為的要因）を両方とも考慮する必要がある。なお実際の観測値はいつも大きく上下していて、気温にはエルニーニョ・ラニーニャ現象による不規則な変動があったり、宇宙線強度には11年周期の変化があったりするのだが、ここではそれよりも長期にわたる変動に注目して考察をする。

気温の観測データとしては、1979年以降は衛星測定、それ以前は地上観測データHadCRUT4を採用し、短期的変動を除く（平滑化する）ために11年移動平均をする（**図0−1**）。問題は1998年のピーク以後、エルニーニョ・ラニーニャ現象による不規則変動の大きな状態が続いて、長期的変動が見えにくくなっていることである。そこでここではエルニーニョ・ラニーニャ変動を取り除いたスカフェッタらの結果（2017）を使うことにして、1998年以降の平均気温は10年当たり0・04℃で僅かに上昇しているものとする（**図5−8a**）。

気温変化をもたらす3成分を**図5−8b**に示す。このうちで太陽活動の寄与は、銀河宇宙線の長期にわたる強度変化と63年周期で変化する太陽宇宙線に分けて取り扱う。図に銀河宇宙線強度を上下逆にプロットしてあるのは、宇宙線が強いと気温が下がるからである。宇宙線強度の情報は、1389〜1994年については氷床コア中の^{10}Be濃度から1951年以降は中性子測定から得られるので、それらを一つながりのデータにした上で11年移動平均する。[3] 一方、63年周期をもつ成分は極渦を通しての変化と考えられるので、北大西洋振動を3角関数で近似的に表現する。

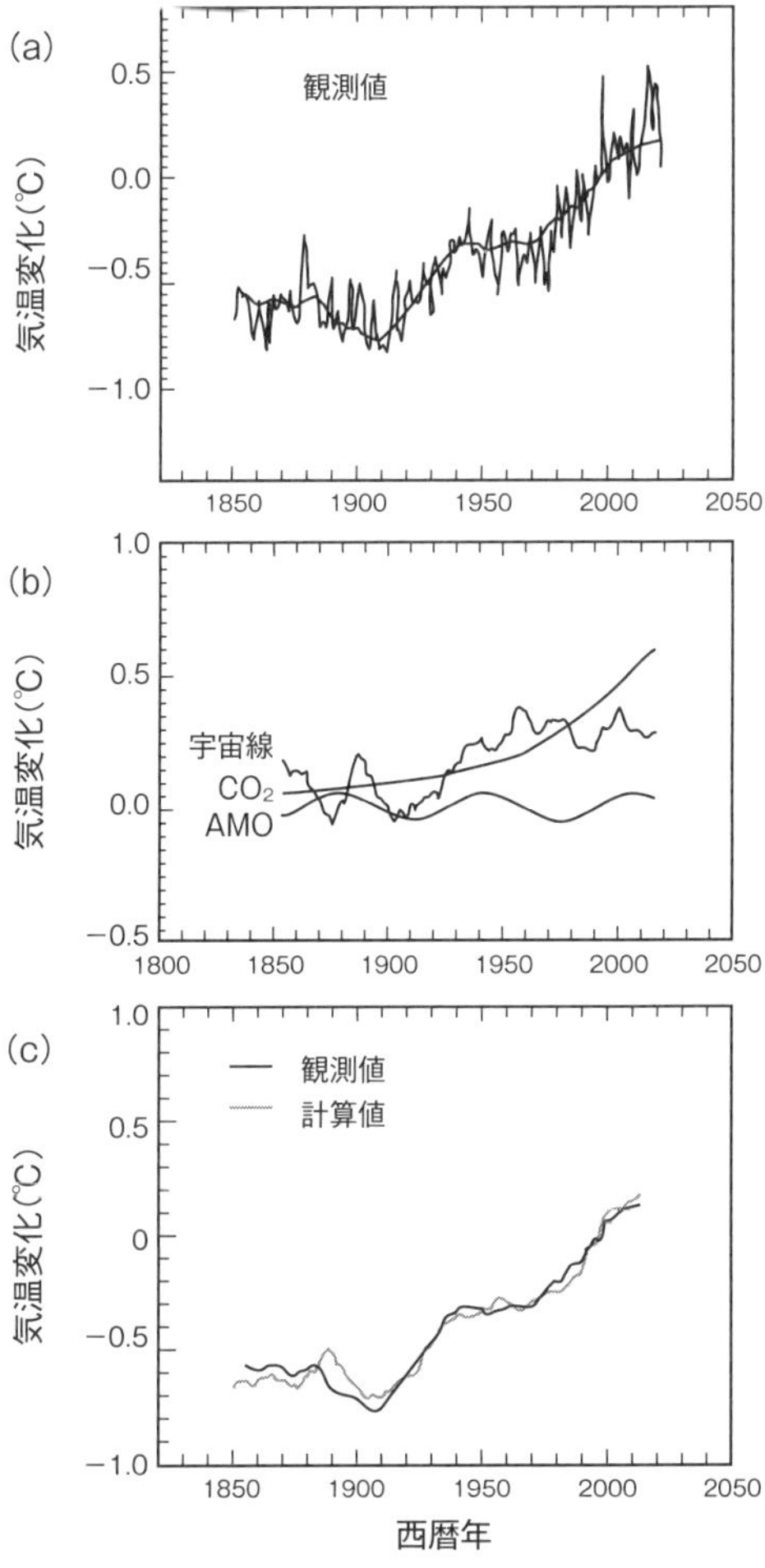

図5-8　新理論による気温計算

(a) 最近170年間の平均気温変化の観測値、(b) 気温変化を決める3要因の大きさの比較。気温上昇には宇宙線とCO_2がほぼ同程度の寄与をし、太陽活動（宇宙線）の63年周期成分（AMO）は、その約半分の寄与をする、(c) 観測値（濃線）と計算値（薄線）の比較（深井・杉本 2024、未発表）

またCO_2の寄与はCO_2濃度から放射強制力を計算することによって求めた。CO_2濃度としては１９５８年以降の測定値（マウナロア）にロードーム氷床コアの値をつなぎ込み、産業革命前の基準値を２８０ｐｐｍとした。[4] 大まかに見れば、この期間の気温変化に対して、宇宙線とCO_2の寄与はほぼ同程度、もう少し詳しく見ると、１９３０年以後の気温上昇には主にCO_2が、１９００年頃の気温の谷と２０００年以後の頭打ちには宇宙線が効いていることが分かる。この結果をみると、ＩＰＣＣが自然要因（宇宙線と極渦）を無視したことの不合理がよく分かるだろう。

平均気温は3成分（**図5−8b**）の和として次式で表すことにする。

$T(℃) = T_{CR} + T_{PV} + T_{CO2}$

宇宙線による分　：$T_{CR}(℃) = -a\Delta CR(\%)$, $\Delta CR(\%)$：銀河宇宙線強度変化

極渦効果による分：$T_{PV}(℃) = b\sin 2\pi[(t-1927)/63]$, t：西暦年

CO_2による分　：$T_{CO2}(℃) = c\,F_{CO2}(Wm^{-2})$, F_{CO2}：CO_2の放射強制力

式に含まれるパラメータａ、ｂ、ｃと宇宙線が気温変化をもたらす際の遅れ t_d は観測値に合うように決める。具体的には、まずパラメータａを古気候データ（マウンダー極小とダルトン極小）からa ＝ $(1.1\pm0.2)\times10^{-2}$（℃／$\Delta CR(\%)$）と求めて、次にｂ、ｃ、t_d を１７０年間の観測値に合うよう最小２

表5-1　気候感度（過渡的気候感度）

		c（℃／Wm^{-2}）	$\Delta T_{CO2\times2}$（℃）*
リンゼン・チョイ	2011	0.16±0.04	0.59±0.15
ジスキン・シャヴィヴ	2012	0.25±0.09	0.93±0.3
オリィラ	2016	0.27	1.0
ルイス・カリー	2018	0.36	1.33
深井・杉本	2024	0.31	1.2
		0.22**	0.8**
IPCC5	2014	0.27〜0.68	1.0〜2.5

* $\Delta T_{CO2\times2} = 3.7c$

** CO_2以外の温室効果ガスの寄与を考慮したとき

乗法によって決める。得られた値は b = 0.055（℃），c = 0.31（℃/Wm^{-2}），t_d = 14（year）である。こうして得られた気温を観測値と比較したのが**図5－8c**である。全体の気温変化はよく再現されている。

この結果をこれまでに知られていた値と比較してみよう。遅れ t_d = 14年は**図5－7**から得られる約10年とほぼ合っている。極渦効果による気温の周期変化の振幅0・055℃は北大西洋振動が全球平均すると1／3程度になるということで辻褄が合う。問題はCO_2の効果である（付録2「温室効果とは何か」参照）。第3章に述べたようにIPCCは1900年以後の気温上昇をすべてCO_2の増加によるものと見なして気候感度として約0・6℃／W m^{-2}を提示したのだが、ここに得られた値0・31℃／W m^{-2}はそれよりかなり小さい。観測値には他の温室ガスの効果も含まれている筈なので、それを考慮すると気候感度はさらに小さくて0・22℃／W m^{-2}となる。IPCCの値の1／3である。多くの論文で得られた気候感度の値は大きくばらついているが（**カラー口絵2**）、ここで得られた値０・22〜０・31℃／W m^{-2}はその中で観測から得られた代表的な値（**表5−1**）とほぼ合っている。

この計算は前著（深井２０１５）の考え方に基づいて、それに後に理解が進んだ極渦の効果を取り入れたものである。これによって観測値との一致は著しく改善された。

3　宇宙線のエネルギーには分布があり、エネルギーによって中性子や^{10}Beの生成率も、また地表に到達する割合（の緯度依存性）も変化するので、一つながりのデータにするためには工夫が要る。ここではまず中性子データから求められた太陽系近傍での磁場の強さ（変調ポテンシャル：ウソスキンら ２０１１）を^{10}Be生成率に換算し（ウェッバー・ヒグビー ２００３）、これを^{10}Be濃度のデータ（ベルグレンら ２００９）と重なる期間（１９５１〜94年）の平均値で合わせて規格化する。

4　CO_2の放射強制力については付録２「温室効果とは何か」を参照されたい。

宇宙線、極渦（北大西洋振動）、CO_2が気温変化をもたらすことは、既に知られていたことだが、これら３要因の寄与を加え合わせることで過去１７０年の気温変化の再現に成功したことは、ここに紹介した計算の大きな成果と言えるだろう。実はそれだけではない。１７０年より前にはCO_2はほとんど変化せず、極渦成分はせいぜい振幅０・１℃の周期的変化をもたらすだけなので、気温変化は主に宇宙線によって決まることになる。過去170年だけでなく過去2000年間の気温変化も、この3要因によるものとして理解できることになるのだ。これは、これまでの気候の科学が到達できなかった、新しい認識である。

ここでの基本的な考え方は、気温変化を宇宙線、極渦、CO_2の観測値の和で表現するという現象論であって、計算はそれら3成分の重みを決めるだけという極めて単純な（曖昧さの少ない）手続きになっている。この簡単な計算が成功したことは、長期にわたる気温変化をもたらす要因がほぼ確定できたことを意味すると言ってよいだろう。各要因がどのようにして、どれだけの気温変化をもたらすかという物理過程の解明は次の段階の作業である。

一方、CO_2温暖化論による計算では、30個ものパラメータをいかに調整（チューニング）しても観測値を再現することはできなかった。これは正しい答を得るためには、変動要因の正しい認識が必須であるという、至極当然のことを示している。これについては、付録4「気候はどこまで計算で予測できるのか」で改めて考察する。

▼今後100年の気温を予測する

ここに提示した枠組みによって過去2000年間の気温はほぼ再現できたので、その成功を踏まえて将来の気温予測を試みる。まず現在は太陽活動が史上稀な活動期を終えて、急速に弱まりつつあることを思い出そう（**図５－１、５－６**）。太陽磁場には１９９０年頃から弱まる傾向が見られているので（**図５－５**）、これに従って気温は低下に向かうことが予測される。ここではザルコヴァら（２０１５）に従って、２０４０年頃に太陽活動極小期が再来するものと考える。太陽活動が極小期に入る時には前兆があって、「11年周期」のサイクル長がのびると次の周期では黒点数が少なくなり、それが２～３回続くとマウンダー期、１～２回ならダルトン期程度の極小になるという。現在の太陽活動を見ると、サイクル23の周期は12・７年とかなり長いが、サイクル24の周期は11・３年で元へ戻ろうとしている。これはダルトン期に近い小氷河期に入る可能性が高いことを示している。また直近の３サイクル（サイクル22、23、24）での黒点数変化も２１１年前のダルトン期のときの３サイクル（３、４、５サイクル）と非常によく似ている（**図５－９**）。そこでここでは、今後に２１１年遅れてダルトン期の状態が再現されるものと仮定して宇宙線強度を予測することにする。一方、今後の大気中 CO_2 濃度は人為的な CO_2 排出速度の如何《いかん》によって変化するが、ここではＩＰＣＣ第５次報告書で仮定されたシナリオのうちで中程度の増加をもたらすモデル ＲＣＰ４・５を使うことにする。

これらのデータと過去１７０年間の実測値に合うように決めた上記のパラメータを使うと、将来１００年間の気温を計算することができる。その結果を**カラー口絵３**に示す。現在の気温から将来に向かって描かれた２本の曲線は、下（点線）が今後の CO_2 濃度が変化しないと仮定した場合、上（実線）がＩＰＣＣ５－ＲＣＰ４・５モデルに従って増加する場合に対応する。宇宙線の増加による気

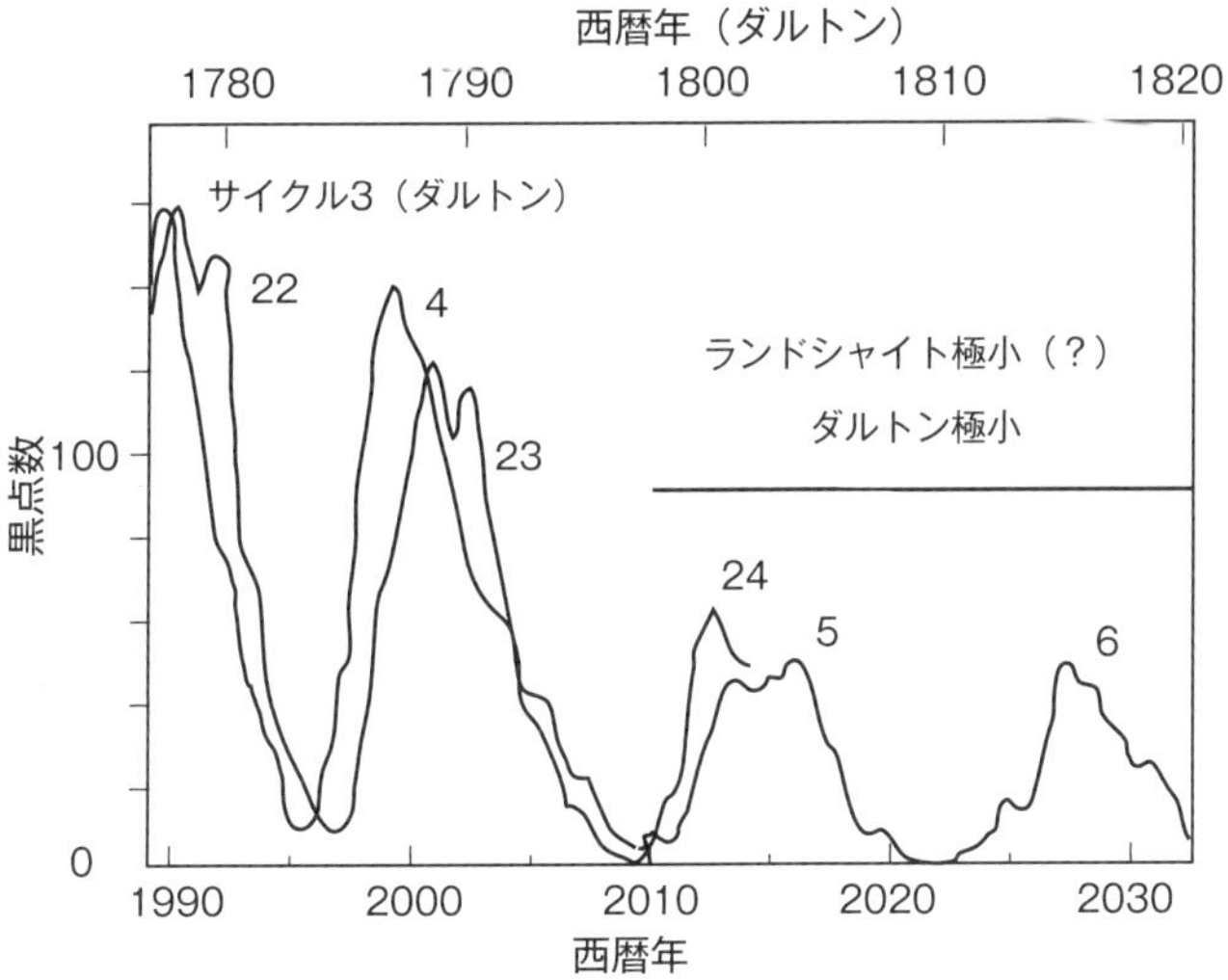

図5-9　最近の黒点数変動のダルトン期との比較
211年遅れてダルトン期が再来したように見える

温低下はかなり大きくて、2040年を谷とする大きな寒冷化が予測される。現在に比べて、2040年には宇宙線による気温低下0・88℃に対してCO_2による気温上昇は0・27℃であって、差し引き0・61℃の気温低下になっている。今から20年後には静岡県で広重が描いたような雪景色がたびたび見られるようになると予測されるのだ。このような激しい寒冷化はそれから20年後にはほぼ解消するが、その後の100年間も気温が現在より0・35℃以上高くなることはない。

この結果は、CO_2温暖化論による予測とは全く違っている。CO_2温暖化論では過去100年間の気温上昇をすべてCO_2の濃度上昇に伴う温暖化と見なして今後の気温を推算しているので、2100年の気温は現在より３〜５℃上昇するとされているが、この見積もりが現実と乖離していることは既に述べた通りである。過去の気温変化を再現できることを確認した上での近未来予測は、今回の計算が初めてであって、その骨子は太陽の状態変化を考慮することにあったのだ。

太陽活動の弱まりにともなう寒冷化は、太陽と地球の両方に関心のある科学者であれば誰でも考えることであって、多くの著書がある。なかでは丸山茂徳著「〝地球寒冷化〟人類の危機」（ＫＫベストセラーズ２００９）、丸山茂徳ら「地球温暖化〝CO_2犯人説〟は世紀の大ウソ」（宝島社２０２０）は地球史の専門家の立場から書かれた好著である。また桜井邦朋著「眠りにつく太陽――地球は寒冷化する」（祥伝社新書２０１０）、「移り気な太陽――太陽活動と地球環境の関係」（恒星社厚生閣２０１０）、柴田一成著「太陽の科学」（ＮＨＫブックス２０１０）、「太陽大異変」（朝日新書２０１３）、常田佐久著「太陽で何が起こっているか」（文春新書２０１３）、宮原ひろ子著「地球の変動はどこまで宇宙で解明できるか」（ＤＯＪＩＮ選書２０１４）では太陽学者の立場から、寒冷化の可能性にも目を向けるべきだと述べられている。

近年、太陽の科学の進歩に伴って、太陽活動の変化が地球に及ぼすさまざまな影響が認識されてきた。電離層の乱れによる通信障害、航空機の乗客・宇宙飛行士・人工衛星などへの放射線障害、太陽風の引き起こす磁気嵐による電力系統の破壊、等々である。太陽観測からこれらを予知して対応できるようにするために、「宇宙気象学」という新しい学問分野が生まれている。われわれの生活空間は、今や太陽圏の広がりを持つようになっているのだ（柴田２０１０、２０１３、上出２０１１、宮原２０１４）。地球の気候と太陽活動とのつながりを知ろうとすることは、学問のごく自然な流れと言えるだろう。

太陽活動が低層雲を作る機構はまだ完全に理解された訳ではないけれども、それが宇宙線を介して起こるとしたここでの取り扱い（現象論）が成功したことは、その解明への道筋をつけたものとして評価されよう。太陽からの流入熱量変化だけを考慮したＩＰＣＣモデルの破綻が明らかになるにつれて、太陽活動に伴う雲の生成は気候変動の中心課題となりつつある。

▼第5章のまとめ

気候変動の自然要因として太陽活動による宇宙線強度変化を取り入れた気温計算（新理論）の結果を、CO_2による温室効果を主な人為的要因と仮定するＩＰＣＣの気候モデル（従来の理論）と対比させながらまとめておく。

1．新理論では過去１７０年間の階段的な気温上昇をほぼ完全に再現できるのに対して、従来の理論で１８６０～２０００年の観測データに合わせた計算は、それ以後の観測結果と大きく乖離するようになる。

2．これは過去170年間に、新理論では自然要因と人為的要因が同程度の寄与をしているのに対して、従来の理論では自然要因は小さいと仮定して無視したことによる。

3．今後100年間については、従来の理論が3～5℃の気温上昇を予測しているのに対して、新理論は小さな気温上昇（0・1～0・2℃）と大きな気温低下（～1℃）を予測する。この寒冷化は主として太陽活動が弱まることによるのだが、CO_2による温暖化が小さい（気候感度が従来の理論の約1／3）ことにもよる。

4．地球の気候は長い歴史を通じて大きく変化してきたので、未来予測は古気候学の知識に基づいたものでなくてはならない。新理論は過去2000年の気温変化（小氷河期や中世温暖期）を宇宙線強度変化で無理なく説明できるのに対して、従来の理論では全く説明できない。従来の理論を墨守するIPCCが小氷河期も中世温暖期もないグラフを過去の気温データとして提示したのは、学問の蓄積を無視して気候学を歪曲させたものとして糾弾されるべきである。

第 II 部

これからの世界に生きるために

第6章

政治化された「地球温暖化」
——その経緯をたどる

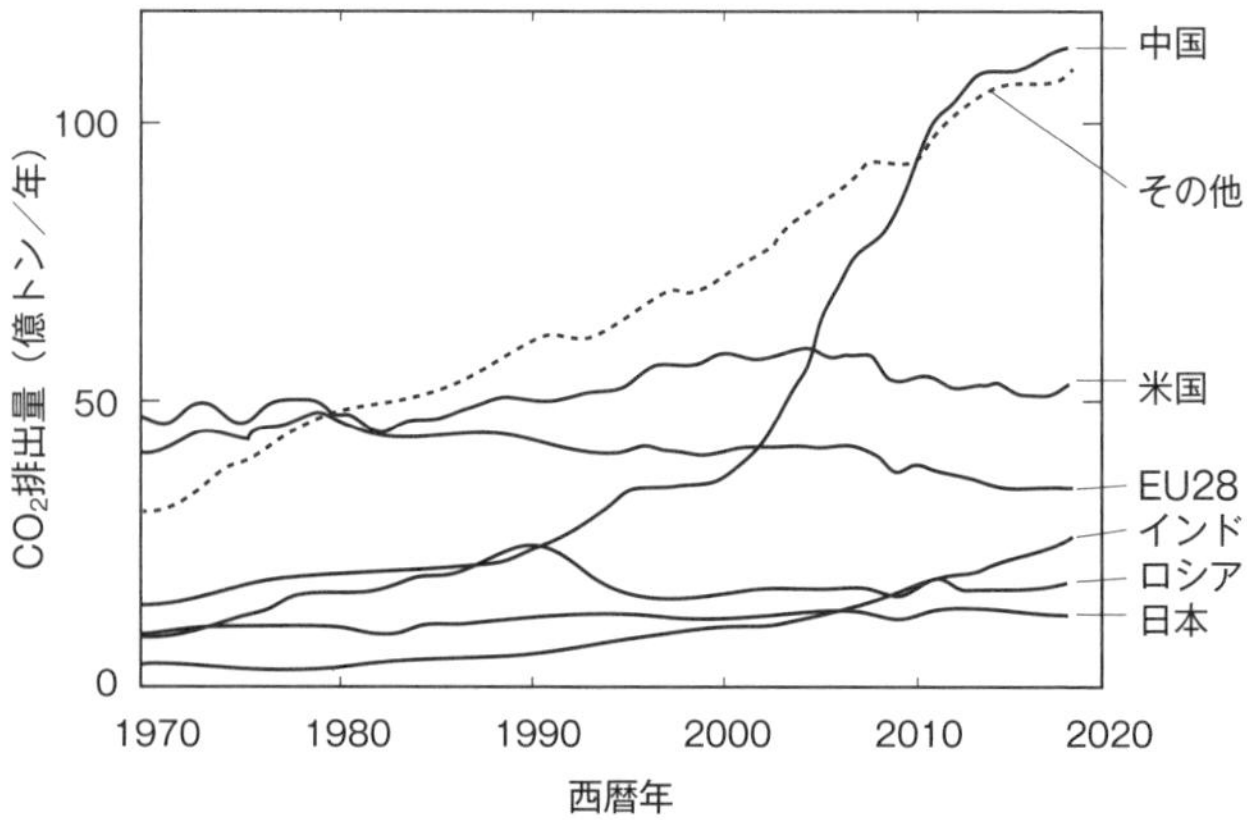

口絵6　世界の CO_2排出の経緯

2018年の総排出量は331億トンで、その内訳は中国 29.3%、米国 15.6%、EU28 10.3%、インド 6.7%、ロシア 4.6%で、日本は3.7%である(Wikipedia)

私は物理学者なので、最大の関心事は前章に述べた新しい気候の科学なのだが、地球温暖化が世界の大きな政治問題にされてしまった今、それを抜きにする訳にはいかないので、これまでの経緯を一読できるようにまとめておくことにする。国際交渉の詳細は永年にわたり日本代表として衝に当たった有馬純氏の著書（２０１５、２０１６、２０２１）に述べられている。また、批判的な立場からこの問題に取り組んできた人たちの著書とくに石井（２００４）、伊藤・渡辺（２００８）と渡辺（２０１２）も参照されたい。

▼ＩＰＣＣはＣＯ$_2$による温暖化前提の組織

１９８８年に世界気象機関と国連環境計画によって設立されたＩＰＣＣは地球温暖化に関する科学的・技術的・社会経済的な問題を公正に評価して、それを世界の人々とくに政策担当者や政治家に伝えることを目的とする広報機関とされている。研究機関ではなく、政策を提言する役割も与えられていない。しかし、実際にはＩＰＣＣが気候変動枠組条約締約国の政策担当者会議（ＣＯＰ）に提出する評価報告書は国連が気候変動への対応指針を決める上での重要な資料とされていて、これまでに第1次（１９８８）、第2次（１９９５）、第3次（２００１）、第4次（２００７）、第5次（２０１４）が出版され、いま第6次報告書が出版されたところである（２０２１〜22）。

報告書は自然科学的根拠、影響・適応性・脆弱性、気候変動の緩和策という3つの作業部会報告とそれらをまとめた統合報告書からなる数1000ページという大部のもので、大多数の人達は冒頭に置かれた30ページほどの「政策決定者向け要約」しか読まない（読めない）。

報告書は政策に関しては中立でなくてはならないとされている。多くの国の科学者が執筆に携わり、各部会の統括責任者が取りまとめるまでには専門家による査読を何度も受けることになっている。第4次報告書（2007）の場合、3000人以上の専門家の協力を得て130国以上の450人の科学者が執筆に携わったという。その論拠は原則として査読を経て学術誌に公表された論文に基づくものとされている。しかし実際には、3・3節で述べたように、IPCCはもともと温室効果ガスによる地球温暖化を前提として作られた組織なので、科学的根拠について中立ではあり得ないものなのだ。

第1次報告書で「人為起源の温室効果ガスがこのまま大気中に放出され続ければ、生態系や人類に重大な影響を及ぼす気候変化が生じるおそれがある」と謳われて、その主張が年を追うごとに強調されてきたのは第3章で述べた通りだが、しかし、ここで素朴な疑問が湧いてくる。100年先の2～4℃の温暖化は（もし起こったとしても）本当に大問題なのかということだ。何か隠された問題があるのではないかと思わずにはいられない。

6・1　京都議定書がもたらしたもの

▼排出権取引とは

「地球温暖化」に隠されていた問題は１９９７年に京都で開かれた第3回ＣＯＰ会議（ＣＯＰ３）でCO_2削減の数値目標と排出権取引制度が定められたことで顕在化した。問題は金勘定だったのだ。排出権取引とは、まず各国ごとにCO_2の許容排出量を決めておき、それを超過した国はそれに満たない国から権利を買うことができるというものである。参加国は先進国と途上国グループに分けられて、途上国は削減義務を負わないことになった。

年間排出量の削減目標は１９９０年を基準として２０１２年までに先進国全体で5％（日本は6％、米国は7％、ＥＵは8％など）とされた。議定書の発効条件は55カ国以上が批准し、そのうち先進国の１９９０年の排出量が世界の55％以上になることとされている。ところが排出量が世界最大の米国が批准せずカナダとオーストラリアも追従したことで、発効条件が満たされずに頓挫し、ようやく発効したのはロシアが批准に踏み切った２００５年のことだった。これはロシアがシベリアの大森林のおかげで排出権取引で儲けられると判断したためと言われている。こうして京都議定書は削減義務を負う国が全排出量の25％でしかないというイビツな形で発足することになった。当時、世界全体の排出量の20％を占めていた米国が協力せず、排出量の50％を占める発展途上国が削減義務を負わないばかりか、そのうち中国が急激な経済成長に伴ってCO_2排出量世界一になり、さらに増やし続ける事態になったにも拘らず、である。そのような状況で、排出量が4％でしかなく、既に高いエネルギー利用効率を達成してきた日本が新たに大きな削減目標を課されるのは、どう考えても不合理ではないか。これによって日本は毎年1兆円を超える排出権を買わなくてはならなくなったのだ。

参考のため世界のCO_2排出の経過を**口絵6**に示しておく。中国の排出量の推移を見ると、これまでのCO_2排出削減の議論がいかに空しいものだったかが分かるだろう。

京都議定書は「第1約束期間」が2008～2012年とされていたので、その後の枠組みをどうするかがCOP会議の重要課題となったのだが、先進国と途上国の主張が対立してまとまらず、ようやくCOP16～17で、第2約束期間2013～2020年を設定することと2020年以後に新たな枠組みを作るというスケジュールが合意された。ここで重要なのは、COP16で「全参加国が温室効果ガスの削減・抑制に向けて目標・行動を自主的に策定・報告する」という合意が形成されたことであって、これは先進国のみに義務を課した京都議定書からの決別を意味するものであった。

なお日本はあくまでも「すべての主要排出国が参加する公平な枠組み」を主張して第2約束期間から脱退し、参加国は主にヨーロッパだけ、その排出量は全体の15％に落ちた。その経緯は有馬の著書（2015）に詳しい。

ＣＯＰ会議は回を重ねるごとに途上国の主張がエスカレートして、ほとんど止まることがない。その論旨は「CO_2による地球温暖化を引き起こしたのは先進国の責任であるから、その責任をとるべきである。途上国の経済基盤が弱いのは先進国に歴史上の責任があるのだから、途上国に排出削減を求めるなら、そのための経済的支援をすべきである」ということで、ＣＯＰ会議に臨む途上国の目標は、いかに多額の援助を先進国から取り立てるかにおかれていたのだ。その結果、ＣＯＰ16で年間１０００億ドル（10兆円）の資金の流れを生み出すという目標が合意されたが（幸いにして）進展はなく、ＣＯＰ20ではこれが１２０億ドル（１・２兆円）まで減らされた。

▼金儲けの種にされた「地球温暖化」問題

京都議定書の舞台裏を見ておこう。ＥＵ主導で進められた議定書作成過程での最大のトリックは１９９０年を基準に採ったことにある。ＥＵが会議の7年前を基準にとることを主張して押し通したのには理由があった。１９９０年にエネルギー技術の遅れた東欧を抱えていたＥＵは、その後の技術移転によって議定書制定時には地域全体として大幅な排出削減を達成していたので、１９９０年を基準にすれば１９９７年時点で８％の削減目標はすでにクリアしていた。地域全体をひとまとめに扱うならば、排出権取引で儲けられると目論んでいたのだ。ＥＵのしたたかな、そして周到な戦略が読み取れる。ＥＵだけではない。当時の米国副大統領アル・ゴアは地球温暖化の脅威を煽って排出削減の必要を説いて見せたが、その時点で米国が批准できないことは分かっていた。全加盟国が参加しない限り米国は参加しないということが議会で決められていたのだ。米国は批准を拒否することで国際社会から非難は浴びたものの、手を汚すことなく、たぶん20兆円を越える国益を守り、カナダとオーストラリアもこれに相乗りした。結果として日本が狙い撃ちされた形になり、大きな削減義務を負わされることになった。

他方、途上国は、削減義務を負わなかっただけでなく、大きな排出権を保持していることになって、それを先進国に売ることで巨額の利益が得られることになった。その額は年間20兆円を超えるという。途上国にとって「未来の地球のために」という標語は長期にわたって先進国から援助を取り立てるための打ち出の小槌なのだ。誰も温暖化のことなど心配してはいない。将来の実効性ある削減計画を作ることに途上国が賛同しないのは、これによって既得権を失うことを恐れているのだ。差し当たり、日本だけを狙い撃ちしてＥＵの思惑どおりにスタートした筈だった京都メカニズムは、優遇したつもりの途上国から予期せぬ反撃を受けて立ち往生しているのだ。

会議に臨んでの欧米諸国の周到な準備に比べて、わが国の対応がいかに場当たり的なものであったか、その落差の大きさについては石井孝明による克明な調査記録があるので歴史の証言として一読を薦めたい（石井２００４）。ここではその一部を紹介しよう。

欧米では、京都会議に備えてCO_2排出削減コストの検討を各国のシンクタンクに依頼していて、その結果、1990年を基準にとった場合、CO_2排出を1トン削減するために日本では約330米ドル、EUでは約210米ドル、米国では約180米ドルという値を得ていたという。日本では1990年には既に大幅なCO_2排出削減を実現していたので、さらなる削減には欧米の約1・7倍のコストがかかることになっていたのだ。彼らはこの数字を踏まえた上で、会議では日本の削減義務を僅かに減らすことで納得させようとした。一方、日本側はというと、経産省が現実に即した積算から削減率2・5%を主張したのに対して、環境庁や政府は議長国として国際的に遜色のない大きな数字を出すべきだと主張していて、十分な意思統一ができないままに会議に臨んだ。結果は、足許を見られて欧米の言いなりになってしまった。こうして、CO_2温暖化の科学的根拠だけでなく、国際間の衡平性も欠く妥協の産物が出来上がった。

ところが、この議定書は世界から称賛をもって受け止められた。それは多くの国が大儲けできることになったので当然だろうが、負担を一身に背負わされた日本までが議定書をまとめた成果を手放しで誇っていたのは理解に苦しむ。日本政府は「日本外交にとって画期的なこと」と自賛し、世論もマスコミも積極的に歓迎していたのだ。

このお祭り気分は、さすがに長続きはしなかった。その後、議定書で課された削減目標が何とか軽減されるようにいろいろ働きかけをしたのだが、時すでに遅く、一たん大枠が決まったものは微調整しか認められなかった。こうして日本経済に課された過大な負担については、その後も、国民に対してマトモな説明はなされていない。石井の著書（２００４）から引用しよう。

京都議定書に関する国会審議は２００２年の２～３月に行われた。衆議院は委員会議事録をインターネット上で公開している。環境委員会での審議経過を追うと、新人の多い自民党議員からは目立った発言がない。一方、野党議員からは、政府の温暖化対策の遅れの指摘が目立つ。しかし、議定書の負担に言及した質問はほとんどない。議論は盛り上がらず、問題を直視しないまま議定書は批准されてしまう。

京都議定書に批判的なある財界人は、議定書が国会で議論されていた時、自民党有力議員と懇談したことを振り返った。その財界人が京都議定書の負担は大きく、日本の産業界の競争力を奪いかねない懸念を語ると、その議員はこう返答したという。

「議定書が国民に過度の負担を強いかねない国際協定であることは理解します。しかし、負担に言及したら、選挙に落ちます。議定書に反対したら「反環境」のレッテルを貼られて選挙に落ちます。国民の関心が薄れている以上、この問題にはかかわらずに放置したほうが賢明でしょう。」

ここで京都議定書が作られた経緯を長々と説明したのには訳がある。のちに京都議定書を焼き直したパリ協定が発効したことで、悪夢が蘇りつつあるからだ。その悪夢は、「未来の地球のために」CO_2排出を2050年までに実質ゼロにするというもので、京都議定書の比ではない。パリ協定の現実にふれる前に、京都議定書の歴史を知っておいて欲しいと思うのだ。

▼意識調査から見た「地球温暖化」――日本は異常である！

ここで京都会議以後の世界の人々の意識がどのように変わったかをギャラップ調査とピュー研究所の調査をもとに考察しておこう。

2013～2014年の調査によると、先進国で気候変動を脅威と考える人の割合は大きく減っている。中でも米国の数字が最も低くて、脅威と考える人の割合は24％まで下がった。CO_2主因説を疑問に思っている人が年々ふえたためである。米国では1970年代以来、CO_2温暖化脅威論についての学問的な論争が続けられていて、政治でも議会に（意見の異なる）気象学者をたびたび招いて公聴会を開き、やがて民主党が温暖化対策推進、共和党が批判という図式が定着していった。米国が京都議定書を批准しなかったのは自国の経済を優先した利己主義でケシカランというのは、皮相な見方である。その根底には科学的根拠への疑問があって、人々は二分されていたのだ。

一方、ヨーロッパではCO_2温暖化への反応は概して鈍かった。これは京都議定書のお蔭で自分の腹が傷まないので当然だろう。ヨーロピアンバロメータ（EB）というEU域内の意識調査によると、関心事のトップは経済問題であって気候変動はドン尻に近く、関心を持つ人は5％に過ぎない。この状況は年によってほとんど変わらない。

これに対して、日本の状況は異常である。人為的温暖化を信じる人の割合は２００７～２００８年に大多数の先進国が50～60％であったのに、日本は90％を越えていた。その後も気候変動を脅威と考える人はあまり減っていない。

もちろん、１・１節で述べたように過去１００年間の気温はじわじわと上昇し、日本では生態系の北進が明らかに見られている。また人口の都市集中が進んでいるので、大多数の人達は自分の体験したヒートアイランド効果を「地球温暖化」と受け取っていることだろう。問題は、90％の国民がその温暖化をＣＯ$_2$増加がもたらす脅威と思い込んでいることである。人々がこれほどにＣＯ$_2$、ＣＯ$_2$と騒ぎ立てている国は日本以外にほとんどないのだ。

何故このようなことになったのか？　その背景には、この問題の正否に真剣に取り組む気象学者が居なかったという事実がある。国策に協力してＣＯ$_2$による地球温暖化を標榜している限り、ポストは保障され研究費に不自由しないとなれば、その前提となるＣＯ$_2$主因説に異論を唱えようとしなくなるのは当然の成り行きだろう。一旦このような状態になってしまうと、学問の基本に立ち戻ることは難しくなる。専門家集団は温暖化ムラを作って、逆らう者を排除しようとするからだ。もっとも、気象学者がＣＯ$_2$主因説を１００％信じているかは分からない。旧知の気象学者によると、研究会などで問題の基本を問うような話になると、皆が「シラケル」のだそうだ。あるいは触れられたくない恥部なのかも知れない。

日本のこの状況についてはマスコミも責任を問われるべきだろう。２００９年頃から外国のメディアが温暖化への疑問に取り組みを始めたとき、日本のメディアの反応は皆無だった。クライメートゲート事件についても沈黙を守り、今に至るまで事件をほとんど伝えていない。それどころか、何事もなかったかのように、ＩＰＣＣの旗を担いで地球温暖化の危機感を煽ることに終始している。日本の国民は「地球温暖化」問題についての正しい知識を与えられずにＩＰＣＣと日本政府を後押しさせられているのだ。

日本のマスコミは、せめて世界で起こっていることを正確に伝えるのが使命であるくらいの見識は持って欲しいものだ。

6・2　パリ協定までの道

▼「京都議定書」からパリ会議まで

京都議定書が２００５年に発効したときに、その限界はすでに明らかだった。中国を始めとする途上国のCO_2排出量が急増して、先進国・途上国の二分法が無意味になっていたからである。その上、クライメートゲート事件がきっかけとなって温暖化対策法案は各国で相次いで否決された。オーストラリアでは２００９年11月、フランスでは12月に否決された。米国では２０１０年６月に下院を通ったものの中間選挙での民主党の大敗によって法案化は実現せず、また下院の地球温暖化特設委員会は解散した。カナダでも下院を通った法案が11月に上院で否決されている。この流れはその後も続いていて、オーストラリアでは２０１３年に気候変動・エネルギー省が廃止され、２０１４年７月にはCO_2排出削減を目的として課されていた炭素税が廃止された。英国でも２０１４年に国内の気候変動関係の組織が大幅に整理され、国内の関連予算が41％もカットされた。２０１４年５月に行われた欧州議会選挙ではＥＵ懐疑派が大躍進し、中でも英国では温暖化対策の見直しを主張するグループが多くの議席を獲得した。２０１５年３月には、スイスで付加価値税に代えて炭素税を導入するという案が国民投票にかけられ、92対８という大差で否決された。

一方、ＣＯＰ会議は次第に途上国主導となり、会議の態をなさず、制御不能になっていった。ＥＵが一儲けを企んだCO_2排出権市場も排出権価格が暴落して閉鎖を余儀なくされた。物事は必ずしもＥＵの思惑通りには進まなかったのだ。折しもＥＵは解体の危機に直面していた。２０１４年５月に行われた欧州議会選挙では英国・フランス・スペインなどでＥＵ懐疑派が大躍進してヨーロッパ中に激震が走った。中でも英国では旧来の二大政党に圧勝した新勢力がＥＵ脱退と温暖化防止策反対を公約に掲げ、２０２０年、ついにＥＵから離脱した。米国では温暖化対策に熱心な民主党のオバマ政権は支持率が史上最低で、その政策に批判的な共和党が議会の過半数を制したために温暖化防止政策は変更を余儀なくされた。

このような中で２０１４年12月にＣＯＰ20が開かれた。次回ＣＯＰ21（パリ会議）では京都議定書に代わる枠組みが決められる予定になっていたので、その前哨戦（？）として格別に関心を持たれていたのだ。新聞報道によれば、中国と米国がCO_2削減への協力姿勢に転じ、ＥＵも野心的な目標を示したのに、日本だけが具体的な提案ができずに国際的な非難を浴びたとされている。ところが、これも内実はかなり違う。

まず中国の話。中国はＧＤＰが米国に次ぐ世界第2位の大国で、その時点でのCO_2排出量は世界の27％で第1位、毎年ふえ続けていた（**口絵6**）。新提案は２０３０年までに排出量を減少に転じさせるよう「努力する」というものだったが、これが評価に価するのだろうか。このまま増え続ければ２０３０年のCO_2排出量は世界の40％にもなってしまう。経済成長優先で環境汚染を野放しにしてきた政策は、すでに住民に深刻な健康被害をもたらして大きな国内問題になっており、そのためＧＤＰ目標を下方修正するなどの政策変更を余儀なくされていたのが実態なのだ。日本のＧＤＰは、その時点で中国より僅かに少なかったが、CO_2排出量は中国の１／７に過ぎなかった。中国の新提案を評価して日本を非難するのは、お門違いというものだろう。

次に米国の話。オバマ大統領はCO_2排出を２０２５年までに２００５年に比べて26～28％削減するという提案をしたのだが、これは国内で猛反発を買っていた。共和党が過半数を制した議会でこのオバマ提案が承認される見込みは万が一つもありはしなかったのだ。

1990年を基準にして2020年までに40%のCO_2排出削減をするというEUの目標も、足許から崩れようとしていた。この提案を主導したメルケル首相のお膝元ドイツではエネルギー政策が破綻寸前になって、CO_2削減どころではなくなっていたのだ（第7章参照）。これまで産業活動や国民生活に大きな負担を強いてきた環境・エネルギー政策への不満が一気に高まって、議論が沸騰し、抗議デモが起きたりしていた。

ドイツだけではない。英国でも再生可能エネルギーの増加による大規模停電の危険が指摘されて、再生可能エネルギーをこれ以上増やさないために補助金制度の見直しが検討されていた。また2015年6月にはオーストラリアで再生可能エネルギーの導入目標が20%引き下げられた。

COP20以後、各国でCOP21（パリ会議）に向けてCO_2削減目標を申告する準備が行われたが、実は期限までに削減目標を報告した国・地域は20%に過ぎず、多くの先進国ではこの問題への関わり方を変えようと模索していた。リマ会議に先立って開かれた国連気候サミットに多くの首脳が欠席したのは、協力を確約させられるのを嫌ったからだろうと言われている。

このとき日本はどうしていたのか。日本政府は2013年11月に今後の方針として「美しい星への行動：攻めの地球温暖化外交戦略」などという文書を発表して、2050年までに世界全体の温室効果ガス排出を半減、先進国全体では80％削減することを目指すという目標を掲げ、そのために技術で世界に貢献する攻めの地球温暖化外交を実行するとした。そして、パリ会議に臨んで「温室効果ガスの排出を２０３０年までに２０１３年に比べて26％削減する」という目標を決めてしまった。そこでは国益を損ねないという考えが全く欠けている。京都議定書での歴史的敗北から何も学んでいないのは情けない限りである。そもそもCO_2温暖化自体が疑問であるだけでなく、CO_2排出量が世界全体の４％でしかない日本の排出量を減らそうが増やそうが全く大勢に影響はない。東日本大震災の影響で原発が稼働しない状態ではCO_2排出は増えざるを得ないという現実を堂々と公表すべきだったのだ。

▼パリ会議以後

２０１５年12月、パリ近郊のル・ブルジェで開かれたＣＯＰ21には１９６カ国の代表、約１５０カ国の首脳を含む参加者３８０００名が集まった。京都議定書以来、初めての大きな方針変更があるというので、ＣＯＰ20の１１１８５名を大きく上回る過去最大の群衆が世界中から押し寄せたのだ。（これを会議の「参加者」と言えるのだろうか？）

会議は、京都議定書がCO_2削減義務をごく一部の国に負わせたことを改めて、すべての国が削減に参加することを第一義としたのだが、途上国の反対でもめた揚句、具体的な削減目標は決めず、その代わりにすべての国が目標を決めて報告し、5年ごとに経過と新たな目標を報告してレビューを受けるということになった。COP16の精神は辛うじて承け継がれたのだ。期間は2015年から2030年までの15年間である。温暖化抑制の長期目標は2℃、努力目標は1・5℃とされた。なおCOP16で設立が決まっていた「緑の気候基金」は拠出金が100億ドルを超えたので活動を開始した（米国30％、日本15％、イギリス12％、ドイツ・フランス10％など）。

翌2016年には、参加55ケ国以上、そのCO_2排出量が世界全体の55％以上という要件が充たされてパリ協定は発効した。しかし、その内容には疑問が持たれていた。第一に、中国とインドは「CO_2排出を減らす」とは約束していない。エネルギー利用効率を上げるよう努力する、と言っているだけで、これまでと何も変わっていない。第二に、米国オバマ大統領は、国際条約の批准に必要な上院での2／3以上の同意が得られないことが分かっていたので、「これは拘束力を持たないから条約ではない」と強弁して署名してしまったことだ。これは国内では憲法違反として提訴されているが、国際的には条約を批准したものとみなされている。オバマの二枚舌である。

その翌年、共和党のトランプが大統領になると、公約通りパリ協定からの離脱を宣言した。その理由は、①CO_2温暖化の科学への疑問、②CO_2排出削減はエネルギー・コストを押し上げるので、そのような誤った環境政策で産業を弱体化させてはならない。無駄な支出を止めて老朽化したインフラ整備に充てるべきである、という共和党の従来からの主張である。トランプの言：「米国は不公平な負担を強いられている。基金への支出が米国1000億円、中国・インドが0とは公正でない。中国の陰謀だ。パリ会議は気候とは関係ない金勘定になっている。」これに対してメルケルは「将来の地球を破滅させる暴挙で、友好関係を見直さなくてはならないだろう」と非難したが、お膝元のドイツではエネルギー政策が破綻しCO_2削減の見通しは全く立たない状況なので、「どの面下げて」というところだったのだ。

他方、途上国からも公然と叛旗が掲げられた。CO_2排出削減よりもエネルギーが容易に安く得られることが重要だとして、世界中で石炭火力発電所の大増設計画が進められた。全体で1600基、そのうち中国とインドが各370基である。2017年の東南アジア首脳会議では「未来の地球より現在の人間を！」という議長声明が出されている。EU諸国も現実的なエネルギー政策優先に傾いて、とくに石炭資源が豊富なポーランドではCO_2排出削減目標を破棄して石炭回帰を明言した。またイギリスのメイ首相はエネルギー・気候変動省の廃止、石炭・石油産業の保護などを行っている。

こうした中、2018年11月にフランスで大問題が起こった。マクロン大統領が導入した「炭素燃料税」値上げに反対する抗議運動（黄色いヴェスト運動）が沸き起こって全国に広がったのだ。「未来の地球より、われわれの生活を！」というスローガンで始められた特定の指導者のいない大衆運動は、「炭素燃料税」値上げの撤回、富裕層減税の廃止、大統領の辞任などを求めて7カ月余りも続き、ピーク時の参加者は28万人に達したという。大統領の支持率は60％から20％に急落した。大統領は、抵抗し続けることはできず、やむなく炭素税値上げをさし当り撤回し、最低賃金を引き上げることを約束した。

このような中で始まったＣＯＰ24（２０１８年、ポーランド・カトヴィツェ）は最初から波乱含みだった。石炭回帰を明言していた主催国ポーランドの政府は、環境団体による集会を禁止した。一方、途上国は化石燃料の使用を公然と主張し、資金援助の獲得に専念した。CO_2排出削減と経済発展は両立しないことが明らかに認識されたのだ。永年、同床異夢で過ごしてきた途上国と環境団体は、こうして袂を分かつことになった。

その後２０２０年には、米国に民主党バイデン大統領が誕生してパリ協定への復帰を表明したために、世界の潮流に再び変化が見られることになった。

２０２１年４月に米国で開かれた気候サミットには40カ国の首脳が集まり、冒頭でバイデン大統領は米国の新たなCO_2削減目標を２０30年までに20０５年比で50～52％と表明した。ＥＵ、英国、カナダもほぼ同様、日本は２０３０年までに２０１３年比で30％程度という産業界の意見を押し切って、菅首相が46％削減すると宣言してきた。こうして先進国は削減率をいかに大きく見せるかに腐心して、数字を競い合ったのだが、たぶん実際には誰も実現できるとは考えていないだろう。そもそもパリ協定では、目標に法的拘束力があるとされてはいるけれども罰則はないので、数字は勝手に作れるのだ。

しかし、何よりも注意すべきなのは、中国やインドをはじめとする途上国が明らかな目標を示さず、今後も先進国とは比較にならない巨大な排出を続けることが、黙認されたことだ。正確には、中国の目標は「2030年までにGDPあたりのCO_2排出量を65％削減する」というものだが、この間にGDPは約2倍になると予測されるので、正味のCO_2排出量は2005年に比べて約30％減らすことになる。しかし中国は「2026年から2030年で石炭消費を段階的に減少させる」とも言っている。言い換えれば、現在すでに世界の40％を占めている石炭消費を2026年まではさらにふやすということだ。

そもそもGDPが世界の20％近くを占めてさらに急増している中国が、いまだに発展途上国に分類されていて、その特権でやりたい放題、地球の炭素資源をわがもの顔に食いつぶすとは何事か、そのような理不尽を傍観している国際社会とは何なのだ、と思わずにはいられない。

こうしてパリ協定の参加国は、片や2050年にCO_2排出ゼロ（脱炭素）という実現不能な目標を掲げて自己満足する国々と、片や孜々として資金獲得に励む国々とに明瞭に二分されることになった。永いこと同床異夢だった環境至上主義者と途上国はこのような形で「手打ち」をしたのだ。

6・3　グラスゴー気候合意——脱炭素化とは何か

ＣＯＰ26は２０２１年に英国・グラスゴーで開かれて、前2回のＣＯＰ会議で先送りにされたパリ会議の実施指針（ルールブック）作りを果たすべく、ジョンソン首相は並々ならぬ熱意をもって策を練った。全会一致が原則のＣＯＰ会議で合意文書が得られない事態を避けるために、議案を予め二分しておき、合意の困難が予想されるものについては個別に審議した結果を別の文書として添付することにした。こうして「グラスゴー気候合意」が作られたのだ。ここではその概略を述べた上で、いくらかの解説を加えておくことにする。

▼グラスゴー会議で合意されたこと

まず全会一致で合意された「グラスゴー気候合意」に含まれる主な項目を挙げておく。

① 産業革命以前からの気温上昇を１・５℃以下に抑える目標実現に向けた努力を加速する。これはパリ協定の目標「２℃未満できれば１・５℃に抑える」を引き上げたことになっている。これに伴い、世界の温室効果ガス排出量を２０３０年までに２０１０年比で45％減、今世紀半ばまでに実質ゼロにする必要があることも盛り込まれている。

② CO_2排出削減対策が講じられていない石炭火力発電の段階的削減に向けた努力を加速する。こ

れはパリ協定にはなかった項目で、ジョンソン首相の肝いりで取り入れられた。

③ ２０３０年までのCO_2削減目標を２０２２年までとするよう各国に要請する。

④ 温室効果ガス削減実績を「排出権」として融通する市場メカニズムの実施ルールを採択する。

公式の成果文書とは別に、有志国による下記の合意文書も作られている。

① 世界のメタン排出を２０３０年までに２０２０年比で30％削減する。

② ２０３０年までに世界の森林破壊を止める（日本参加）。

③ 石炭火力発電を主要国は２０３０年代、その他は２０４０年代までに全廃する（約40カ国、日本不参加）。

④ ２０４０年までに世界の新車販売をすべてCO_2排出のないゼロエミッション車にする。日常生活にまだ電気を使えない人が12億人も居るという世界を相手に電気自動車（ＥＶ）への転換を求める発想自体が非常識であり、不道徳である。後に詳述する（約20カ国、日本不参加）。

▼首脳会合をめぐって

ジョンソンの呼びかけに応えて１４０カ国を超える首脳が参加したが、中国の習近平主席とロシアのプーチン大統領は出席しなかった。ジョンソンの思惑通りにはさせないという意志表示だったのだろう。

この会合の最大の成果は主要国のCO_2排出ゼロ目標年が出揃ったこととされている。多くの先進国が2050年、中国・ロシア・サウジアラビアは2060年、インドはモディ首相が目標年を2070年にすると初めて公表した。

日本の岸田首相は衆議院選挙直後の超多忙な中でこの会合に馳せ参じ、スピーチをしただけでトンボ帰りした。その内容は脱炭素に向けてのジョンソンの努力への賛辞と、全面的協力の約束である。CO_2排出を2030年までに2013年に比べて46%削減し2050年カーボンニュートラルを目指すこと、アジアのクリーンエネルギーへの移行を推進して脱炭素化への先導的事業を展開すること、途上国支援として既定の5年間600億ドルに100億ドルを追加すること、等々である。

まずCO_2削減目標について。これはパリ会議で安倍前首相が表明してきた26%という数字を2021年気候サミットに臨んだ菅次期首相がかさ上げしたものだが、実はその技術的な裏付けはほとんど、なかった。菅首相の全くの独断専行で、技術的検討のしようもなく、担当者は数字の辻褄合わせをしただけとのこと。だが第6次エネルギー基本計画に明記され、岸田首相によって国際公約にされたとなれば、少なくとも当面はこの方針に沿って行動せざるを得ないだろう。しかし、それが今後の経済政策に途方もなく大きな負担となることは認識しておかなくてはならない。この状況にどう対処すべきかは第8章で考える。

▼石炭火力発電について

石炭火力発電は大規模なCO_2発生源であることからジョンソンは段階的廃止を求めたのだが、実はその必要性は国によって大きく異なるため一律に廃止を強制するのはもともと無理なのだ。

英国では、産業革命を進める原動力になっていた豊富な石炭は、20世紀初めにはまだ年間3億トンを産出する重要なエネルギー源だったのだが、現在はほとんど使われなくなっている。石炭に代わるものとして使われている北海からの天然ガスも、産出量はピーク時の1／3程度に減っている。そのため、北海での洋上風力発電に大々的に取り組んでいて2020年には総電力の13％を供給しており、さらに増やそうとしている。そのバックアップ電源として原発建設も進めている。これは再生可能エネルギーの導入を進めながら原発と火力発電を廃止することで破綻を招いたドイツよりは現実的に見える。

一方で、中国・インドを含むアジア諸国の状況は全く違っている。いま経済発展しつつある途上国にとって、石炭火力発電は何物にも代え難い価値をもつものだ。ここではオーストラリアなどの産出国から大型船で運ばれる良質の石炭による火力発電が最も経済性に優れた電源になっている。英国と同列に論じるのは間違っている。

ジョンソンにはこの認識が欠けていたのだろうか、合意文書に「火力発電廃止」を入れようとした。パリ協定そのものには含まれていなかったこの方針を文章化することで成果を誇示したかったのだろう、あくまでも「廃止」にこだわったのだ。そして最終日13日の夕刻、成果文書の採択直前に波乱が起きた。インドのヤダフ環境相が「段階的廃止」をうたった草案に異議を申し立てたのだ。「途上国は貧困撲滅などの課題に取り組まなくてはならないのに、どうして石炭火力発電を廃止することができるというのか。インドは石炭火力発電を止めることはできないし、貧困層のための燃料への補助金を止めることもできない」というのだ。これに途上国の代表を自任する中国が賛同したために議場は混乱し、米国の仲介によって「段階的廃止」を「段階的削減」に（phase out から phase down に）改めることでようやく決着した。この修正を発表したシャーマ議長は、壇上でしばし絶句して無念の涙をにじませた。それまでさんざん水面下の交渉をして、やっと説得した積りだったのが、土壇場で裏切られた、という悔し涙だったのだろう。このとき会場からの拍手が長く続いたが、それは何を意味するものだったのだろうか。議長への「ご苦労様」という拍手だったのか、インド代表への「よく言ってくれた」という拍手だったのか。いずれにせよ、これはＣＯＰ会議が完全に形骸化してはいないことを示す出来事だったと言えるだろう。

なお、岸田首相が石炭火力発電を維持すると表明したことに対して脱炭素の努力が足りないと非難する国があったとのことだが、とやかく言われる筋合いはない。言い訳がましい発言はせず、その必要性・合理性を堂々と主張すべきであったと思う。

▼ゼロエミッション車について

もう一つの大きな争点は自動車からのCO_2排出を削減するために、ガソリンエンジン車の製造・販売を禁止しようという提案であった。この提案の背景にはハイブリッド車（ＨＶ）では日本に太刀打ちできない欧米の自動車産業からCO_2排出削減に名を借りた世界基準を強制する働きかけがあったのに違いない。ＥＶ車への転換は１００年に一度の大変革ともてはやされているが、実は技術として未熟であって、大規模化された場合に予測される資源や社会インフラの問題などは、まだ真剣に検討されていない。電池材料として使われる希土類金属やニッケルは希少資源であり、今後、使われる筈のリチウムはさらに希少であって大規模利用は無理かもしれない。社会インフラとしては、走行可能距離の制約からガソリンスタンドと同数以上の充電スタンドを世界中に作らなくてはならず、これには途方もない費用がかかる。果たしてそれに値するのか、疑問である。

確かにＥＶはCO_2を排出はしないが、電力供給まで含めると全体としてのCO_2排出が少ないとは言えないとも指摘されている。

▼グラスゴー合意——その後

まずは英国からの余聞を一つ。ジョンソン首相がグラスゴー会議の演出をどうするかに腐心していたとき、深刻なエネルギー問題に悩まされていた。２０２１年は気候が穏やかで（穏やか過ぎて）平年ならば全電力の25％を賄える風力発電量が約5分の1に減ってしまったため、ガス火力発電をフル稼働させ、休止させていた石炭火力を再稼働させ、それでも足りずにフランスから電力を購入した。しかし、大陸からの電力供給には限界がある。窮地に陥ってしまったのだ。国民は電力料金の高騰による「エネルギー貧困」と大規模停電の脅威にさらされながら、冬を迎えようとしていた。このような国内状況を知りながら、世界に「脱炭素」を説いているジョンソンは偽善者としか言いようがない。

グラスゴー会議のさなかに進められていた、もう一つのことに注目しよう。米国・バイデン大統領の行動である。この時期に、世界ではパンデミックからの回復に伴うインフレが顕著になっており、とくにエネルギー価格が高騰したので、バイデンは産油国に石油供給を増やすよう要請したのだが、冷たくあしらわれてしまった。実は、米国では大統領がトランプから脱炭素政策を掲げるバイデンに代わったとき、パリ協定に復帰すると同時に国内のオイルシェール産業を事実上、不許可にした。これによって国内の石油産業は弱体化され、米国は石油の輸出国から輸入国に逆戻りしてしまった。エネルギー価格の高騰は自業自得だったのだ。そこでノコノコと増産を頼みに行っても、誰からもマトモに相手にされる訳がない。案の定、OPECプラス（中東とロシア）から要請を拒否されて屈辱を味合わされたという訳だ（杉山 2021a）。

脱炭素化という大義のために自国内での石油生産を減らしておきながら、困ったときには他国に増産を頼むとは、これも偽善以外の何物でもない。これは脆弱な世界の経済状況には目をつぶって、誰も予測できない未来のために「脱炭素化」を強いるという、グラスゴー会議そのものの偽善にもつながっている。

バイデンの行動はさらに重大な結果をもたらすかも知れない。それは彼が大統領である限り米国は石油生産をしないと知られたことで、産油国にフリーハンドを与えてしまったことになるからである。1970年代の石油危機を思い出してみよう。中東の湾岸戦争に伴う禁輸によって原油価格は1バレル当たり3ドルから12ドルに急騰した。そして、さらにイラン革命に伴い12ドルから36ドルになった。この時に、産油国は石油が国際社会での強力な武器になることを学んだのだ。

産油国は原油をどこまで値上げできるか策を練っていることだろう。生かさぬよう殺さぬようにしながらバイデンの在任中にできるだけ利益を上げるにはどうするか、相談しているだろう。まさか70年代のように10倍ということはないだろうが、2倍くらいはあり得るかも知れない。もしそうなれば、グラスゴー合意どころではない。産油国以外の経済は軒並み疲弊してしまう。したり顔で地球の未来を案じて見せた「先進国」は、実は至って非力な存在だったのだということを思い知らされるに違いない。

これは想像上の問題ではない。ヨーロッパではすでに燃料費が高騰していて、先の見えない脅威にさらされているのだ。

グラスゴー会議後の11月26日、インドの憲法記念日でのスピーチでモディ首相は述べている。「先進国は彼らを繁栄させた道を途上国には閉ざそうとしている。いろいろと表現は変えているが目的はいつも同じ、如何《いか》に途上国の発展を抑えるかということなのだ。いま、世界に植民地はなくなったけれども、植民地意識はなくなっておらず、今でもインドに対して地球を守るためにCO_2排出を減らせとお説教をする。」

モディが言いたいのは、インドでは電力供給が決定的に不足しているので、電気はまだ何１００万人もの人達の手には届かず、病院や工場は停電に悩まされ、工業の発展は阻害されて、多くの人達は貧困に喘いでいる。それに１人当たりのCO_2排出は欧米の10分の１しかない。それをさらに減らせと言われる筋合いはない、ということなのだ。モディはさらに続けて、貧困からの脱却という国民の願いに逆行する環境至上主義者たちにも、国の発展を妨げるものとして苦言を呈している。（このとき彼の脳裏には、インドに生まれながら今は向こう側に回って祖国を追い詰めようとしているグラスゴー会議の議長アロック・シャーマへのやりきれない思いが去来していたに違いない。）

モディは独善的なエネルギー政策を際限なく押し付けてくる西側の指導者たちに芬々と漂う偽善と植民地意識を告発したのだ。この発言は、今後の国際交渉に影響を及ぼさずにはおかないだろう。ジョンソンは前のめりになり過ぎて足許を掬われた。否、最も痛いところに一撃を見舞われたのだ。

感想を一つ。「地球の未来のために」と称してこのキャンペーンを進めている欧米の人たちは、歴史の中でさんざん揉まれて一筋縄ではいかなくなった人達のDNAを承け継いでいる。なかでも厄介なのが、キリスト教社会に内在する独善性ではないか。その一つの表れがオバマの民主党政権の時に流行った言葉「ポリティカルコレクトネス（正しい政治判断）」である。彼が貧しい国にもCO_2排出の少ない高価な発電設備でなくては売らないと決めたとき、流石にそれが道義的に正しいのかという議論がされたものだ。結果は中国製の粗悪な発電設備が大量に売られてCO_2をまき散らし、多くの国々は債務の罠に落ちた。この種の独善性は、十字軍（による征服と略奪）を未だに布教のための聖戦と考える人の発想と本質的に変わりがない。パリ協定が「カーボンニュートラル」を強要するのも、その独善性の延長にある。この独善性は彼らのDNAに埋め込まれていて、もはや理詰めに変えられるものではなくなっているのだろう。このことは、欧米の指導者たち――メルケル・ジョンソン・バイデンらの行動を見るとよく分かる。温暖化教に取り憑かれた彼らの迷走ぶり、偽善者ぶりは目に余るものだが、たぶん自分では気づいていないのだろう。この精神構造ゆえに、もとは世界経済を手中にするための策略だった温暖化防止キャンペーンは、未来の地球のための崇高な理念に容易に転化させられ、今や批判を許さない教義とされている。彼らにとって、遥か遠くに住んでいる異教徒たちは彼らの価値観に従うのが当然と考えられているのではないか。与えられた標語「カーボンニュートラル」への日本政府やマスコミの反応は、いささか能天気に過ぎるのではないかと思わずにはいられない。

第6次エネルギー基本計画を読むと、この感を強くする。長文の計画書はパリ協定を無条件に受け入れる実行案になっていて、それが国益に反することに全く思い至っていない。京都議定書で苦汁を呑まされことから何も学んでいないようだ。思うままに「国際協調」を演じさせられているさまは、腹立たしさを通り越して、滑稽にさえ思えてくる。

6・4　ウクライナ戦争がもたらしたもの

2022年2月24日にロシア軍がウクライナに侵攻したことで、世界は大きく変わろうとしている。現時点で先を読むことは難しいけれども、これが今後の「脱炭素化」政策に大きく影響することは確かなので、ここではそのことに的を絞って考えてみることにする。

▼ソ連崩壊からウクライナ戦争まで

1991年にソビエト連邦が崩壊して、鉄のカーテンで囲い込んでいた東欧勢力圏を失い衛星諸国の離脱も招いたロシアにとっては、その失地回復が悲願となった。プーチン大統領を突き動かしている大ロシア主義の野望は、1990年代のチェチェン紛争から一貫して変わっていないのだろう。チェチェンで人口100万ほどの小国を破壊し尽くし20万人を虐殺するなど首相として辣腕を振るったプーチンは、一躍、国民の英雄となり、のちに大統領になったのだ。

プーチンは2021年に発表した長文の論文の中で、9世紀に成立した民族国家キエフ公国がモンゴルに滅ぼされた後に復興したとき、その正統な後継者はウクライナではなくてロシアだった、と主張している。プーチンの認識では、ウクライナのようにソ連崩壊によって独立した国々はロシアから「奪われた領土」なので、ウクライナへの侵攻は侵略ではなく、自国の領土を取り戻す行為として正当化されているのだ。

▼西側の対応を検証する

これまでのプーチンの行動に対する西側の反応は概して鈍く、とくにクリミア併合に際しての当事国ウクライナと西側諸国の及び腰は武力による反攻はないというメッセージをプーチンに与えることで再度の侵攻に踏み切らせてしまったと言えるだろう。

しかし、今回のウクライナ侵攻への対応は違っていて、世界中から集まった記者たちは侵攻されたウクライナの実情を世界に発信し続けた。ウクライナ国民は団結して抗戦し、欧米諸国は武器援助に加えて大規模な経済制裁を課した。もちろん経済制裁は諸刃の剣であって、国の収入の50%以上を天然ガスと石油の輸出に頼るロシアの財政を破綻させる一方で、エネルギーの40%をロシアに依存するヨーロッパも返り血を浴びる。しかし、それでも大規模な制裁は実行されることになった。国連でのウクライナ侵攻非難決議は圧倒的多数（１４１カ国）の賛成で可決され、反対に回ったのは５カ国だけだった。ロシアは国際社会の中で孤立状態におかれることになった。

プーチンを増長させた張本人はドイツのメルケル元首相だろう。東独出身の科学者だったメルケルは、未来の世界のためのエネルギー転換（脱炭素）だけでなく、ロシアとの共存共栄による世界平和を夢見るドイツ・ロマン主義者だったが、たぶん、それよりも、ロシアからエネルギーを安く買い工業製品を（中国に）売ることの実利が主な関心事だったのだろう。

いずれにせよ、16年にわたる彼女の首相在任中にロシアへの過度のエネルギー依存が進んで、プーチンを増長させたことは確かである。両国による大事業である天然ガスパイプライン・ノルドストリーム２がほぼ完成し、これを推進したメルケルが引退した直後にプーチンが今回のウクライナ戦争を始めたのは暗示的である。

▼欧米の制裁がもたらしたもの

ここで欧米諸国がロシアに課した制裁の内容を見ておこう。

まず、化石燃料の輸入禁止である。これは歳入の大半をエネルギー輸出に依存するロシアに経済的打撃を与えることは確かだが、反面、これに大きく依存するヨーロッパはまさに生存の危機にさらされると言っても過言ではない。エネルギー価格を押し上げ物価上昇（インフレ）を加速することで、ヨーロッパだけでなく世界経済にも深刻な影響を与えずにはおかない。そのために当初は足並みが揃わなかったが、２０２２年4月7日にＥＵはまず石炭の輸入を停止し、石油・天然ガスも順次に停止することにした。ドイツ・イタリアなどロシアへの依存度の高い国が反対したが、結局、周囲の圧力に負けて参加することになった。日本も石炭15％、天然ガス８％、石油４％をロシアから輸入しているので立場は弱いのだが、何とか石炭の禁輸に協力している。

欧米は、さらにロシアの在外資産を差し押さえるとともに、金融制裁に踏み切って、ロシアの主要銀行を世界の銀行間決済ネットワーク（ＳＷＩＦＴ）から排除することを決めた。今後も双方による、生存を賭けた制裁の応酬が続くのだろうが、その行方を予想することは難しい。

唯一、確かなことは、これまで進行してきた世界経済のグローバル化の流れは終わりを告げてブロック化に転ずることである。ロシアは天然ガスでは世界1位、原油では2位の輸出国だが、それだけでなくパラジウムなどの希少金属などの資源大国でもあり、また中国もニッケルやレアアースなどの資源大国である。これらはブロック間の資源戦争の武器となるに違いない。ブロック化により資源や製品の効率的な利用は阻害されて、世界経済は大きく変容するだろう。既に始まっている物価上昇と低成長は、今後どこまで進むのだろうか。資源を持たず、産業活動も停滞している日本は、来るべきブロック化の中でどのように活路を見出すべきなのだろうか。

▼「脱炭素化」はウクライナ戦争の遠因だった

世界の歴史を振り返ってみると、われわれは今まさに歴史の転換点に立たされていることが分かる。第1次大戦・ロシア革命から第2次大戦が終わって東西冷戦が始まるまでが約30年、それから冷戦が終わってソ連邦が崩壊するまで約45年、そして今、30年後にプーチンが冷戦後の版図を塗り替えるべくウクライナ戦争を始めたのだ。冷戦終了時に国連が今後の課題として取り上げた「温暖化対策」はモンスター化して今日に至っているが、それも今、大きな転換点にさしかかっている。

実は、この国連の温暖化対策とウクライナ戦争は密接に関連している。ウクライナ戦争はプーチンによって引き起こされたものだが、それを招いた一つの要因は世界を席巻したCO_2温暖化対策・脱炭素化の愚策であった。

その愚策が最も顕著だったのがドイツである。CO_2を排出しない風力・太陽光発電を大量に導入するエネルギー転換政策で電気料金の高騰を招いて国民生活を圧迫し、火力発電用には国内の豊富な石炭（褐炭）の代わりにCO_2排出の少ない天然ガスをロシアから大量輸入することにした結果、国の安全を犠牲にしてしまった。ロシアからの天然ガスがないと国の経済が成り立たなくなっていたのだ。（ドイツのエネルギー消費の約30％はロシア産、そのうち約半分は天然ガスで、さらに増やそうとしていた。）そして今、慌ててロシアへのエネルギー依存から脱却しようとしている。しかしCO_2温暖化の脅威が誤りならば、CO_2排出を減らそうとする試みはすべて無駄なこと、ドイツは国内で産出する褐炭を使っていれば済むことだった。そうすればプーチンに足許を見られることもなく済んだに違いない。メルケルが進めたエネルギー転換政策（脱炭素化）がウクライナ戦争の遠因になっていたのだ。このような愚策はドイツだけの話ではない。パリ協定を批准した国々はすべて、このような愚策に同意したのだ。

温暖化教信者と環境至上主義者に牛耳られたパリ協定とグラスゴー合意が脱炭素キャンペーンの「終わりの始まり」となったことは既に述べた通りである。欧米「先進国」が脱炭素化という自傷行為に耽っている間に、それを無視した国とくに中国の台頭を招いてしまった。中国は自らを発展途上国であるとしてCO_2排出削減の義務を回避し、先進国には風力・太陽光発電設備を、低開発国には石炭火力発電設備を売りまくって国力をつけ、今やGDP世界第2位の大国にのし上がった。一方、ロシアは大量のエネルギーを供給することによって西欧の首の根を抑えながら反攻の機を窺っていたのだが、NATOの際限ない膨張に堪えかねて遂に牙をむいたのだ。

ウクライナ戦争のために世界が揺れ動いている中で、2023年12月にCOP28がアラブ首長国連邦（UAE）で開かれた。主催が中東産油国の盟主なので、そこで化石燃料がどのように扱われるのかが注目された。案の定、合意文書の草案にあった「化石燃料使用の段階的廃止」は石油輸出国機構（OPEC）の強い反対に遭って取り下げられ、「化石燃料からの脱却を目指す」という表現に改められた。これにはＯＰＥＣだけでなく、石炭火力発電は必要不可欠なものであるという途上国の強い主張が働いていた。これまでのＣＯＰ会議では、回を重ねるごとにCO_2削減目標が吊り上げられてきたのだが、ここで初めてその流れに歯止めがかけられたのだ。次回ＣＯＰ29の主催国アゼルバイジャンも産油国なので、脱炭素の機運は一気に萎むのではないかと思われる（期待される）。

日本の現状はどうか。２０２３年時点で日本は石炭火力発電が30％を占めていて、当然ながら削減目標には遠く及ばない。そのため欧米先進国が進めている「脱石炭連盟」には加盟せず（できず）、石炭関連事業への民間融資の停止を目指す組織への参加もしていない。むしろオーストラリアを含む東南アジア11カ国で構成されるアジア・ゼロエミッション共同体（ＡＺＥＣ）を通して火力発電への技術援助を提案したりしている。日本のこのヌエ的態度は欧米諸国から批判されているけれども、これが唯一のとり得る態度であることは間違いない。こうして面従腹背、ひたすら時を待つしかないのだ。

第7章

脱炭素キャンペーンに未来はあるか

われわれはこれまで必要なエネルギーの大部分を化石燃料から得てきた。これほど安価で豊富で使い易いエネルギー源は他にはない。現代文明を支えてきた地の恵みである。ところが何ということか、CO_2温暖化の脅威が喧伝されて排出削減キャンペーンが始められ、さらには人間活動による大気中CO_2の増加を実質ゼロに抑えようという脱炭素化が唱えられることになってきた。

だが第5章で述べたように、それが温暖化防止に役立つのかは甚だ疑問なのである。過去100年間の気温上昇が主に自然要因によるものであるならば、CO_2排出削減による温暖化防止は見当違いということになる。ここではまず百歩譲って、これまで世界で行われてきたCO_2削減キャンペーンがどのような結果をもたらしたかを概観し、客観的に評価することで、今後の取り組みに役立てようとする。

7・1　再生可能エネルギーの幻想

CO_2を排出しない再生可能エネルギーとしては風力と太陽光による発電の開発が進められて、脱炭素キャンペーンの切り札とされている。これらは確かに化石燃料に代わるエネルギー源として貴重だが、その利用が進むにつれて、手放しで礼賛できるものではないことも分かってきた。

▼再生可能エネルギーがもたらしたもの――影の部分

現在、世界のエネルギー源（使用実績）の内訳は化石燃料が約60％、原子力が約20％、水力が約10％となっている。太陽光・風力などの再生可能エネルギーの供給能力は2020年には約10％に達しているのだが、実績は約1％に留まっている。実績はなぜこのように低いのか。ここでは再生可能エネルギーの開発の経緯と問題点を、その分野の先進国とされているドイツの場合を中心に述べることにしよう。

ドイツでは2000年から毎年3～4兆円の巨費を投じてエネルギー転換政策を推し進めた結果、2020年までに総発電能力の40％を再生可能エネルギーにするという目標をほぼ達成して、「低炭素社会」への先導役として存在感を誇示した。しかし、物事には光と影がある。ドイツはこのエネルギー転換政策を推し進めた結果として、電力供給態勢のみでなく、国家財政から国民生活にいたるまで社会全体が破綻寸前に追い込まれようとしているのだ。この「影の部分」にはいったい何があるのか。

まず電気料金が再生可能エネルギーの導入によって世界一高くなってしまったことだ。ヨーロッパの多くの国の約2倍になって低所得者層を直撃した。これには多くの国民の投資を促すために導入された固定価格買取制度の影響が大きい。風力・太陽光発電による電力を（比較的高価で）20年にわたって国が買い取るというこの制度の目論見は当たって、再生可能エネルギーによる発電量は急速に増加したが、それに伴って電気料金はうなぎ上りになった。固定価格買取制度による補助金の財源を一般家庭の電気料金への税金で賄うことにしたためである。現在、電気料金の約半分が再生可能エネルギー導入の補助金として使われている。これによる環境破壊も深刻な問題になっている。かつて美しく手入れされていたドイツの国土は風車が林立しソーラーパネルが敷き詰められて見る影もなくなった。これらは原状回復が難しいので半永久的に環境を破壊する。同様のことは世界各地で起こっていて、再生可能エネルギーの導入はどこでも環境破壊と電気料金の高騰を招いている。これは他人事ではない。日本でも再生可能エネルギーのために固定価格買取制度が導入されて、電気料金への転嫁分は標準家庭で年額約1万円に上り、さらに増えようとしているのだ（企業の負担分も結局は国民に転嫁されるので、実質は5万円を超えることになる：杉山2021b）。

再生可能エネルギーの導入には、風力や太陽光などの自然エネルギーは変動が大きいという難題がある。これは自然エネルギー本来の性質なので避けることはできない。そもそも風が吹かなければ発電機は回らないし、太陽が照らなければ太陽電池は働かない。だから発電設備は容量の約10％しか実際には稼働しないことになる。電力を安定供給するためには、補完のためにいつでも働かせられる設備を待機させておかなくてはならない。変動が大きくて、時には全く働かない自然エネルギーを使うにはほぼ同じ容量のバックアップ設備が必要で、そのために余分な経費がかかるのだ。（いつでも再稼働できるよう待機させるには、発電機を空回ししておかなくてはならず、さらに大きなコストがかかる。）

それだけではない。逆に発電量が需要に比べて多すぎると送電網がパンクしてしまう（停電が起こる）ので、電力供給を需要に合わせて調整する必要もある。ドイツでは国中の至る所に約3万基の風車が立てられて送電網に電力を送り込んでくるのだが、その発電量は場所により時間によって大きく変動する。これを需要に合わせて送電するために、いつも綱渡りの作業をしなくてはならない。その作業はすでに能力の限界を超えていて、2016年には172000回の停電を引き起こしていたという。この信じがたい数字が現実なのだ。これに先立つ2014年には電力会社E-ONのCEOがメルケル首相に電話をして、再生可能エネルギー政策の負担を負わされながら電力を安定供給することはできないと抗議をしたのだが、それがまさに現実になってしまった。既存の送電網は余剰電力の予測不能な変動に対応できなくなっていたのだ。

大量の余剰電力が発生したときに近隣諸国に引き受けてもらう措置にも限界がある。そのための「迷惑料」負担が大きいだけでなく、それが何カ国も巻き込んだ大規模停電（ブラックアウト）の引き金になるのではないかと危惧されているのだ。

ドイツの産業界はこのような状況に強い危機感を抱き、2018〜2019年には再生可能エネルギーの導入を大幅に抑制したのだが、他方では2022年までに原発をすべて停止させることが決まっているのに2018年の原発依存率はまだ12%も残っていた。そこで2020〜2021年には再生可能エネルギーの導入を再び加速させることになった。かつて豊富な石炭に支えられた工業地帯だったザール地方では、石炭（低品位の褐炭）による発電所が新たに作られた。もう脱炭素とか環境汚染などと言ってはいられない。背に腹は代えられなくなったのだ。

このような状況下で2021年3月30日に政府のエネルギー転換政策を強く批判する会計監査報告書が出された。内容はここに述べたことと重なるところが多いのだが、重要な文書なので要約しておこう。①一般家庭と産業に深刻な影響をもたらしているエネルギーコスト（電気料金）の高騰には抜本的な税制改革が必要である。これは2018年の監査で指摘したことだが、その後ほとんど改革がなされていない。②再生可能エネルギーの不安定性に対処し電力を安定供給するためには、送電網の拡充とバックアップ用発電所の建設が必要なのだが、その具体的な計画が立てられていない。（送電網の拡充だけでも2025年までに約700兆円が必要と見積もられている。）③ それにも拘わらず、石炭火力発電所を閉鎖しようとしている。これは電力の供給不足をもたらすことになる。政府のエネルギー政策は整合性を欠いている。④ エネルギー転換政策に関する政府の考え方は、時代の要求に応えられない非現実的なものであるだけでなく、現実に起こり得る脅威への備えも欠いている。⑤ このまま進めば、エネルギー転換政策は破綻し、国民の支持を得ることは難しくなるだろう。

逐一、ご尤もな指摘であって、他人事とは思えない。これを紹介した保守系新聞ディーヴェルトは「あまりにも遅すぎた警告」（A long overdue wake-up call）と評している。

この外部評価委員会による連邦予算の監査報告書は大きな反響を呼びつつあるとのこと。多分これによってドイツのエネルギー政策が方針変更を余儀なくされるだけでなく、EUのエネルギー政策も影響を受けるだろう。すでに隣国ポーランドはEUのエネルギー政策に公然と叛旗を立てて石炭回帰を打ち出しているし、もう一つの隣国フランスでは炭素燃料税の導入が大規模な反対運動によって撤回された。このような動きはさらに加速されるに違いない。現時点で化石燃料から脱却することは不可能なのだ。ヨーロッパはようやく現実に立ち戻ろうとしている。

ドイツの電力事情は急速に悪化している。政府は相変わらず再生エネルギー政策を推し進めようとしているが、実は近年、初期に風力発電に参入した人たちが次々に撤退しているとのこと。20年の買取保証期間が切れて補助金がなくなると採算が取れなくなるからだ。それを補う新規参入はほとんどないため、風力発電の規模は急速に縮小し、2020年の供給減は電力需要の7％にも達している。

一方、石炭火力発電所については、2021年1月1日に計画通り11基の発電所が稼働停止されたのだが、1週間後には急遽そのうち9基が再稼働された。折悪しく風が吹かなかったので、風力発電の穴埋めが必要になったのだ。その後も風力・太陽発電は不調で前年比16％減となり、それに代わって石炭火力発電は20％増となった。9月には天然ガスの備蓄が底をついて価格が3倍に跳ね上がった。それに加えて2022年には原発が予定通り全面停止されることになっていて、残る6基のうち3基が2021年中に停止された。これはデンマークの電力消費に相当する。このようにして、冬には電力が10～15％も不足して、大規模停電が起こるのではないかと危惧されている。監査報告書の警告は「あまりにも遅すぎた」のだ。

英国が同じような状況におかれていることは既に述べた。ジョンソンが「脱炭素」をぶち上げているときに、ヨーロッパは再生可能エネルギーシステムがいかに脆弱なものであるかを痛感させられていたのだ。

何かにつけて「ドイツ見習え論」が根強い日本人にとって、ドイツが国を挙げて取り組んできたエネルギー転換政策で隘路に陥った姿を想像するのは難しいかも知れない。しかし三好範英は著書（ドイツリスク――「夢見る政治」が引き起こす混乱 2015）の中で、それがドイツの国民性によるものであると看破して次のように言う。

「18世紀以来、ドイツ人が承け継いできたロマン主義は、元来、人間中心の合理主義への反抗から生まれたもので、人間中心主義から脱却して自然に回帰することを目指し、その結果、必然的に理性より感性を重んじる「夢見る人」の性向、すなわち経験的に情報を集めて冷静に分析するよりも非合理的な情動に依拠して行動を急ぐ姿勢を生む。1990年代からの緑の党や、反原発、環境保護運動、そして現在のエネルギー転換政策はこの系譜を踏むものだ。……ロマン主義的政治観に対比されるのが、単純化して言えば、政治とは退屈に耐えて行う日常的な利害の調整の技術であり、特段、壮大な理念を実現するプロセスではないとする考え方だろう。こうした英国流の冷めた見方はとてもドイツ人には耐えられないらしい。……そして、何か大事に直面したときの危機管理において、観念的な認識に縛られるドイツ的な知性よりも、アングロサクソン的な経験的な知性のほうが優れている。」

ドイツは20世紀の二度の大戦で、ともにアングロサクソン世界に勝利することができなかった歴史の教訓をエネルギー転換政策に生かすことができるのか、ロマン主義の亡霊を自らの手で押さえ込むことができるのかが問われているのだろう。答えは、どうやらノーのようだ。

▼犠牲にされたエネルギー安全保障

欧米では政治指導者たちが「脱炭素」に取り憑かれている間に、もう一つの深刻な事態が進んでいた。エネルギー安全保障の危機である。

米国ではトランプ大統領の時代にシェールガスが大量生産されるようになって、湾岸産油国へのエネルギー依存から脱却したのだが、バイデン大統領になるとシェールガス増産は差し止められ石油産業は環境破壊の元凶と貶められて、エネルギー自立はもとの木阿弥となった。その結果、２０２１年にエネルギー価格が高騰した際、ＯＰＥＣに石油増産を懇願して拒絶され、赤恥をかかされたことは既に述べた。

それでも米国は国内に豊富なエネルギー資源をもっているから、まだよい。「脱炭素」の憑きが落ちさえすれば蘇生できるだろう。しかし、エネルギー資源が乏しいヨーロッパではそうは行かない。多くの国は脱炭素政策の一環として再生可能エネルギーに力を注ぎ、バックアップ電源としては原発と比較的クリーンな（CO_2排出の少ない）ガス火力発電にシフトしているのだが、その結果は２０２１年の風力発電不調による天然ガス需要増が価格の高騰を招いただけではなく、輸入の55％（原油は32％）をロシアに頼るというエネルギー安全保障上の大問題をクローズアップすることになった。ヨーロッパの命運はプーチン大統領の手に握られることになってしまった。

ドイツを中心とするEU諸国は2021年9月に完成した大容量の天然ガス用パイプライン・ノルドストリーム2の使用許可を差し止めにして、利用契約の再交渉をしているが、勝ち目はないだろう。欧米諸国はロシアに対してさまざまな経済制裁を課したが、天然ガス供給を60％削減するというロシアの報復に慌てたドイツとオランダは石炭火力発電復活の緊急措置を決めた。CO_2削減どころではなくなったのだ。

7・2　日本の貧困化をもたらした二重苦

▼「失われた20年」の貧困化

日本経済は1990年頃まではほぼ順調に成長してきたのだが、バブルが崩壊して、その後の経済は弱体化の一途を辿り、いまや瀕死の状態に追い込まれている。この「失われた30年」またはそれが顕在化した「失われた20年」について考察するために、まず過去50年間の世界経済の流れを示す国別GDP（国内総生産）の推移をみておこう（**図7－1**）。多くの曲線は右肩上がりで、各国の経済はほぼ順調に成長しているが日本だけは例外で、2000年以降、頭打ちになっている。これは国全体の経済活動が20年間にわたって停滞したことを表すもので、その間に世界経済に占める日本経済の比重はGDPの値にして15・3％（1989年）から5・9％（2018年）まで低下した。日本の国力は大幅

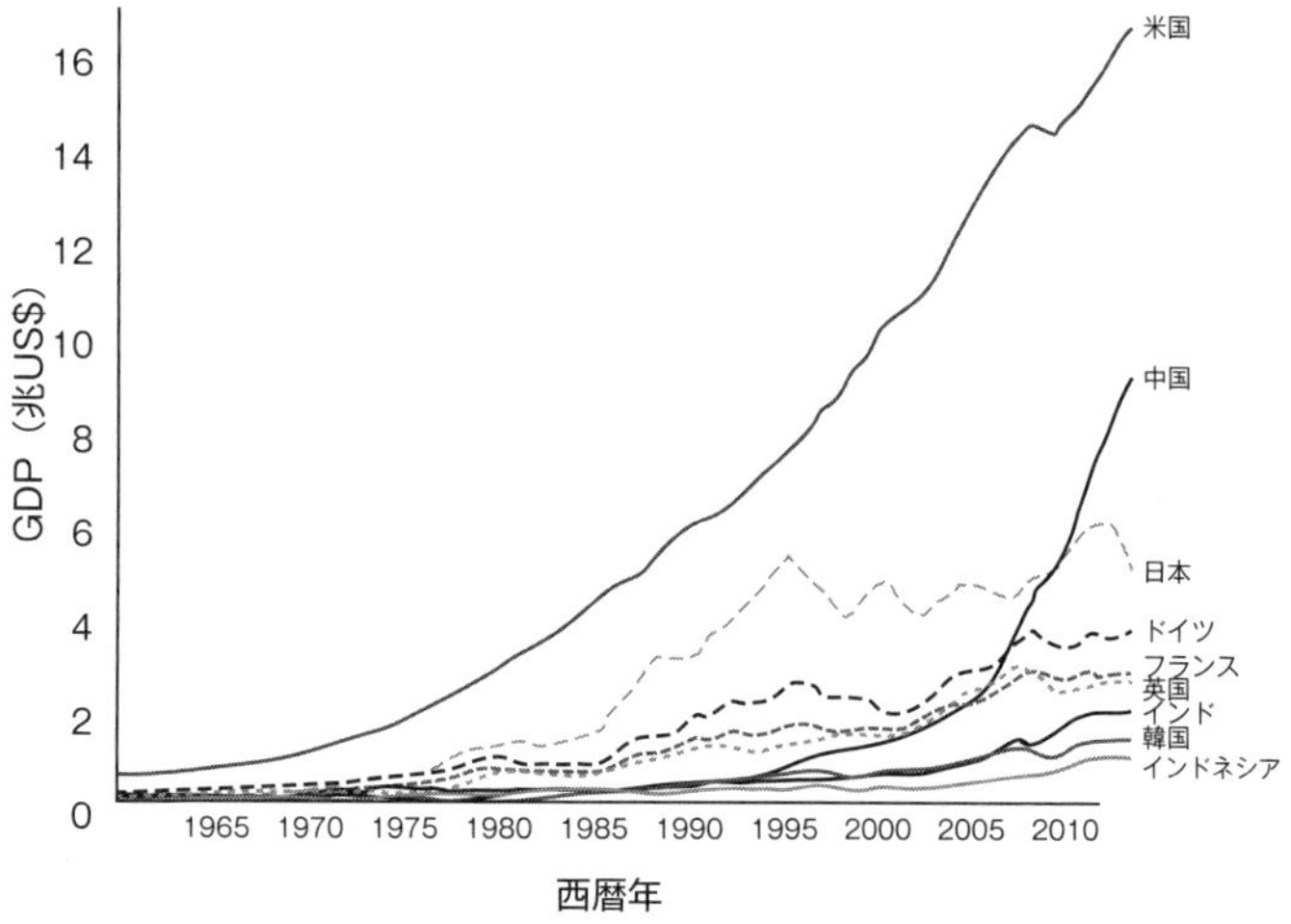

図7-1　世界の国別 GDP 推移

GDPは多くの国でほぼ順調に増加しているが、日本だけは2000年以来ふえていない。経済の停滞による「失われた20年」である（世界銀行データ、Wikipediaより）

に低下したのだ。このことはいろいろな指標に現れている。１９８９年から２０１８年までの間の日経平均株価の下落（３万９０００円から２万４０００円）は米国株価が９倍、ドイツが７・４倍に上がったのに比べて目を覆いたくなるほどの凋落ぶりである。一方で、政府の債務は２５４兆円から１１２２兆円（ＧＤＰ比で65％から２３３％）まで跳ね上がった。世界ではヴェネズエラ、スーダン、日本、ギリシャの順で、３番目に大きな数字になっている。ヴェネズエラは天文学的なインフレに対処するため、つい先ごろ、１００万分の１の通貨切り下げ（デノミ）を行った。またギリシャは10年前に国家財政が破綻（デフォルト）した。日本は、いつの間にか、このような国々と肩を並べるようになっていた

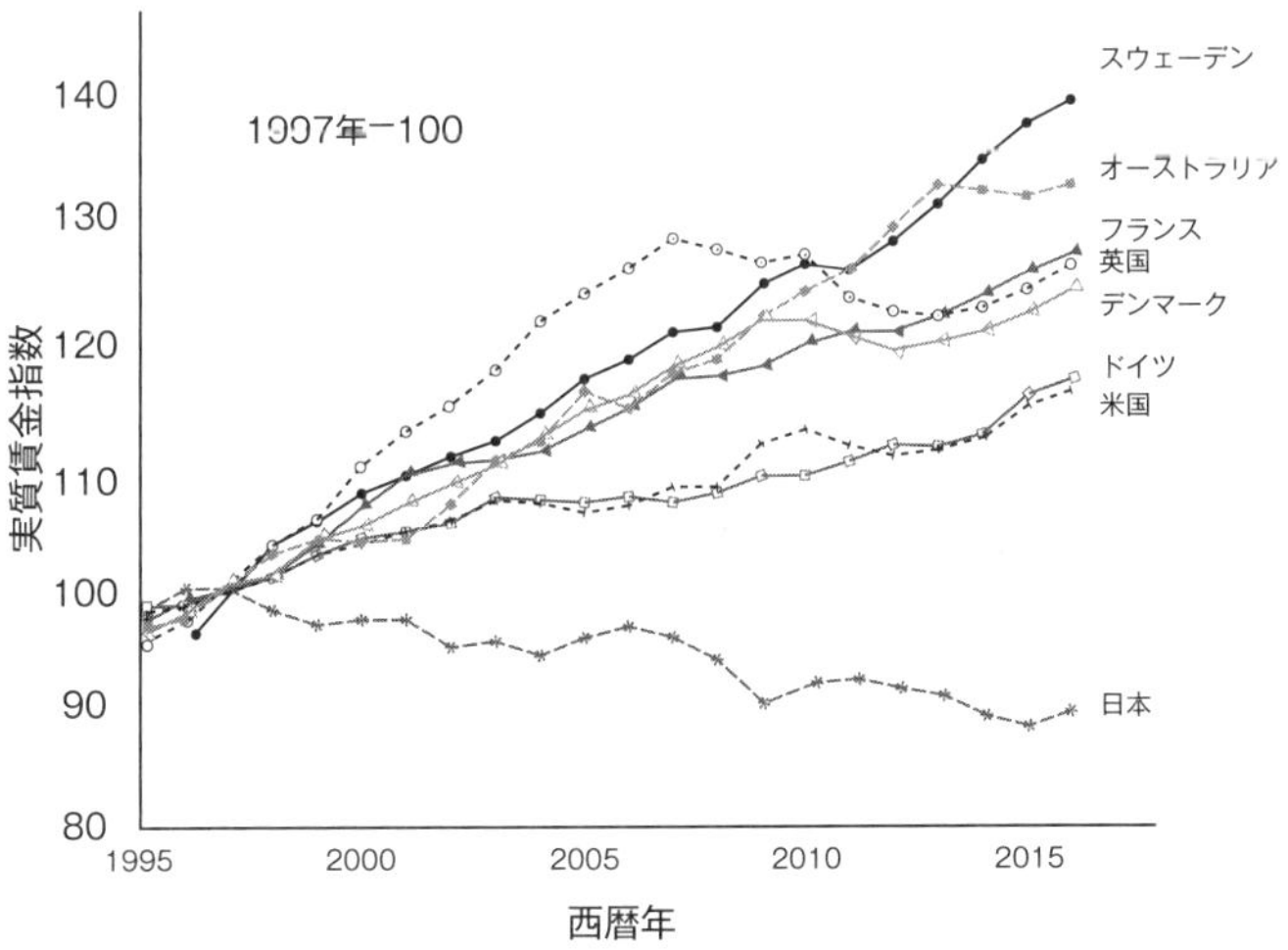

図7-2　日本の実質給与所得推移

実質個人所得は他の先進国では増え続けているのに、日本だけは2000年から大きく減っている（OECD統計）。この貧困化は20年来の失政によるものだが、「脱炭素キャンペーン」によってさらに進むものと危惧される。

のだ。

この間の変化は、個人が体感する「豊かさ」の指標として実質給与所得をみるとさらによく分かる（**図7-2**）。何と、実質給与所得は1997年以後にどんどん下がっている！　世界各国では経済が成長して個人の所得は増えていたのに、日本だけは減少していた。失われた30年、日本人は本当に貧しくなっていたのだ。

このように個人所得が減少した直接の原因は企業が内部留保を増やすために人件費を抑制したことによる（内部留保は1989～2018年の間に163兆円から463兆円までふえた）のだが、非正規雇用が増えたことも重要である。1990年に20％だった非正規雇用は2015年には40％まで増加した。非正規雇用者の賃金は正規雇用者より約30％低いので、これが平均個人所得の大幅な減少を招いたのだ。現在、日本では所得格差が広がって国民の１／７が相対的貧困レベルにあると言われており、非正規雇用をめぐる怨嗟の声は巷に溢れている。１９８０年代、バブルの頃の高揚感は遠い昔の話、今は国中が閉塞感に閉ざされている。

▼日本の貧困をもたらした二重苦

貧困化が先進国中で日本だけに見られる現象であることは特筆すべきだろう。一体、何故こんなことになったのか。そこには日本が背負い込まされた二重苦があると私は考える。京都議定書（１９９７）と東日本大震災（２０１１）である。この二重苦のために巨額の富が費やされ、それがボディブローのように国力を弱らせたと考えられるのだ。費やされた額は国家予算の10％に当たるほど大きなものなので、その影響の大きさは想像されるだろう。まず京都議定書で無理なCO_2排出削減を強要されたために産業が弱体化され、そこに東日本大震災が追い打ちをかけたのだ。ここではその二重苦について、もう少し考えてみることにする。

まず（順序は逆だが）東日本大震災の影響を考えよう。その災害は、自然災害と福島第一原発事故に分けて考えることにする。自然災害分の復興関連予算は２０１１～20年の10年間に約39兆円と概算されており、他方、原発関係の実支出は約14兆円であった。合わせて1年当たり約5兆円ということになる。自然災害からの復興はこの10年間でほぼ完了に近づいたが、原発事故の処理は一向に捗らず、廃棄物処理や廃炉工事の見通しは全く立っていない。今後、長期にわたって、原発事故処理が大きな経済的負担となることは避けられないだろう。

▼京都議定書も貧困化の一因

貧困化のもう一つの要因は京都議定書によるCO_2削減義務（毎年5〜8兆円、後述）である。それはGDP当たりのCO_2排出量（CO_2／GDP比）の推移をみるとよく分かる。大まかに言えば、経済活動が拡大すればエネルギー消費が増え、CO_2排出が増えることになるのでCO_2／GDP比はエネルギー利用効率の目安と考えてよい。**図7−3**は1970〜2020年の50年間にわたるCO_2／GDP比の推移を示すグラフである。日本では3つの領域が見られる。Ⅰ．1970〜1986年、Ⅱ．1986〜2002年、Ⅲ．2002年以後である。第Ⅰ期はエネルギー利用効率の向上によってGDP当たりのエネルギー消費を減らすことができた時期、第Ⅱ期にCO_2／GDP比が一定の値をとるようになったのは、最適エネルギー利用技術をほぼ達成したことでCO_2排出が下げ止まりしGDPとエネルギー消費が比例するようになったことを意味する。問題は第Ⅲ期で、これはCO_2排出削減を強制された結果として生じた状態である。本来であれば第Ⅱ期の曲線を延長した、自然な経済成長を表す形になる筈だったのだが、そうはならなかった。CO_2排出を押さえ込むためにコストの

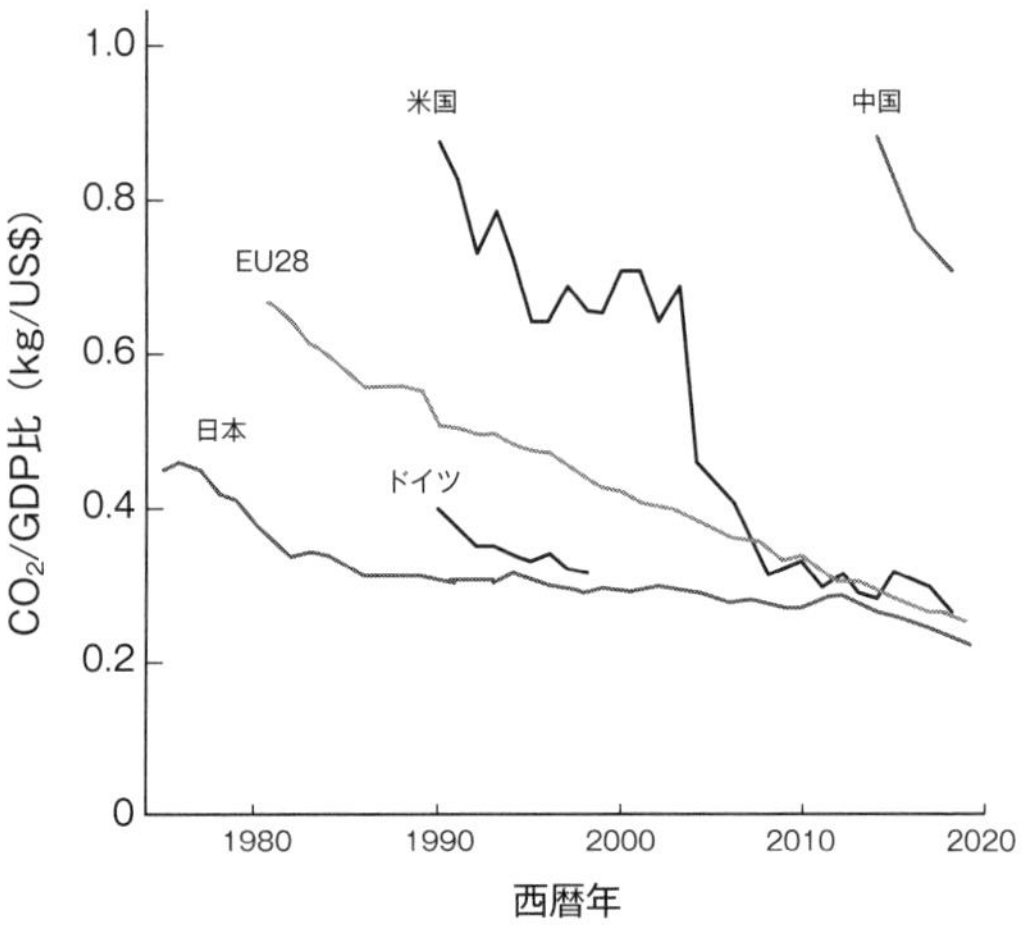

図7-3　CO_2／GDP比の推移

GDP当たりのCO_2排出量はエネルギー利用効率の指標である。日本は世界に先駆けて高効率を達成し、欧米はほぼ追いついたが、中国は大きく遅れている（OECD統計より作図）

高いエネルギー技術が導入せざるを得なくなったのだ。

京都議定書が基準とした1990年には日本に比べて他の国のCO_2／GDP比が非常に大きい（エネルギー利用技術が劣っている）ことが分かる。ドイツの場合、東西ドイツが統一した1990年には東ドイツのエネルギー技術が遅れていたためドイツ全体としてのCO_2／GDP比は非常に大きかったが、それは徐々に改善されて2000年頃に日本の値に近づいた。EU全体（EU28）では改善はさらに遅れ、2015年頃ようやく日本の値に近づいた。なお、中国については数値が大きすぎて比較にならない。

このグラフを見ると、京都議定書での

CO_2排出削減義務（1990年を基準として2012年までに日本6％、米国7％、EU8％）がいかに不合理なものだったかが分かる。1990年には既に高いエネルギー効率を達成していた日本にとって6％のさらなるCO_2排出削減は極めて困難だったのに対して、EUは議定書が発効した1997年には東ヨーロッパへの技術移転によって8％の削減目標は既にクリアしていたばかりか排出権を売ることさえできるようになっていた（なんと狡猾な！）。米国は批准しなかったので、結局、日本だけがCO_2排出削減と途上国援助のために巨額の支出を強いられることになったのだ。

2010年の統計によると、CO_2排出削減の費用は国が1・1兆円で地方公共団体が1・6兆円となっている（朝野、杉山 2010）。この中にはCO_2を吸収する森林の整備などいろいろなものが盛り込まれているので、正味の温暖化対策費は半分くらいだろう。その他に約1兆円の途上国援助がある。これらはいろいろな形に分散されているので正確な数字は分かり難い。その中で最大の項目が電力料金への賦課金である。これは2019年に2・4兆円に上り、今後、再生可能エネルギー導入が加速されるとどこまで増やされるか分からない。それだけではない。環境・エネルギー会議の試算（2012年）によると、CO_2排出削減によって経済活動が阻害される撥ね返り効果でGDPは1～2％押し下げられるという。これは逸失利益5～10兆円に相当する。総計すると10～15兆円になる。実際、日本のGDPデータから増加率の変化を読み取ると、1995年以後の増加率はそれ以前より

（実質）２・５％〜（名目）３・９％（1年当たり9〜20兆円）低下していて、その大部分が京都議定書によってもたらされたことは十分に考えられる。これだけ巨額の資金が意味のない非生産的なことに費やされ、その負担が蓄積したために、国力は見る影もなく奪われてしまったのだ。

２００３年、政府はエネルギー基本計画の３本柱として、エネルギー安全保障と安定供給、経済性に、環境への適合（CO_2排出削減）を書き加えたが、これが日本経済にとってどれほどの足枷になるか、予測できなかったのだろうか。

CO_2排出削減はまず鉄鋼業を直撃した。鉄鉱石から鉄を取り出すには炭素（石炭）が不可欠であり、その過程でどうしてもCO_2が排出される。鉄1トンを作るためにCO_2が2トン排出されるという。日本の製鉄業は世界に冠たる技術（品質とエネルギー効率）を誇っていたのだが、CO_2排出規制のために規模縮小を余儀なくされ、規制を受けない（無視した）インド・中国企業に市場を乗っ取られてしまった。途上国への火力発電所の輸出（建設）も、エネルギー効率の高い（CO_2排出の少ない）日本製は粗悪な中国製に負けてしまった。さらにCO_2排出規制はエネルギー・コストを上げることで多くの産業の基礎体力を奪っていく。こうして日本の多くの基幹産業がどんどん潰されていったのだ。

私は経済学者たちに指摘されたさまざまな要因を否定するつもりはない。だが、その背後に潜んでいた覆面の黒い影――京都議定書の影響を認識して対応策を講じない限り、失われた30年を取り戻すことはできないのではないかと思うのだ。

▼「脱炭素キャンペーン」がもたらしたもの

日本では、「未来の地球をＣＯ$_2$温暖化から護るために、脱炭素化はわれわれに課された責務である」というパリ協定の精神に疑念を抱くことなく、それをいかに具現していくかという方法論がもっぱらとなっている。多くの評論家は脱炭素化のために産業構造の抜本的な改革が必要であると説き、政府は脱炭素化によって新しい産業を創出するのだと言い、日銀総裁はそのために巨額の財政支援をするかのような発言をしていた。産業界も、もし脱炭素化が本当に世界の潮流になったとしたら、どうすればそこで生き残れるのかという危機感をもって対応策を検討し始めている。自動車産業のＥＶシフト等々である。

しかし、そのような過程で、パリ協定・グラスゴー合意が理に叶ったものなのか、その実現は可能なのかという「そもそも論」はかき消されてしまった。これまで述べてきたように、ＣＯ$_2$温暖化論者のバイブル・ＩＰＣＣ報告書には多くの誤り（虚構）があって、過去にＣＯ$_2$温暖化が起こったという確かな証拠はないし、将来これが脅威になるという確かな予測もない。すべてが仮説に過ぎず、予測能力がないことは明らかなのだ。それにも拘わらず、このような仮説にもとづいて「脱炭素化」を強制するのは理不尽で、人類の富を消費させる背信行為と言うべきではないか。まずはこのことを問い直すべきではないのか。

世界を巻き込んでの温暖化防止キャンペーンの素性は、京都議定書からパリ協定に移り、標語が

「CO_2温暖化」から「脱炭素」に代わったことでより鮮明になってきた。脱炭素とは文字通りCO_2排出をゼロにすること、カーボンニュートラルは森林による吸収分（約4％）などを差し引いた排出量をゼロにすることを意味するので、若干違うのだが、ほとんど同じと考えてよい。日本は京都議定書に盲従することで貧困化させられたのだが、パリ協定に盲従すればそれとは比較にならない負担を強いられる。それにも拘わらず、政治家もマスコミも「カーボンニュートラル」などという標語に踊らされている！　産業界も、内心では目標が無理とは知りながら、表向きは国策に協力する姿勢を見せている。

そのような状況下でトヨタ自動車の豊田章男社長（当時）が、日本自動車工業会主催の記者懇談会で日本政府の政策を強く非難した。以下はその抄録である。

（豊田２０２０、https://www.youtube.com/watch?v=6zoznlVUOVU）。

「２０５０年カーボンニュートラル」が日本にとって何を意味するのか、政治家は分かっているのか。日本の自動車産業は、これまでの技術開発によってCO_2排出を22％削減し、燃費を71％向上させてきた（２００１～２０１８年）。ところがＥＵは２０３０年までにガソリン車の新車販売をなくして、すべて電気自動車（ＥＶ）にしようと言っている。（これは完全に後れを取ったハイブリッド車を売れなくするための策略だ。）もし、すべてをＥＶ化したらどうなるか。冬には電力が10～15％足りなくなる。これは原発10基分、火力なら20基分に相当する。それに充電ステーションのコストが14〜37兆円かかる。特にＥＶ化が難しい軽自動車が使えなくなったら、地方のライフラインは壊滅する、等々。

ガソリン車のＥＶ化は「カーボンニュートラル」政策の一側面に過ぎないが、それでも自動車産業だけでなく、一国の社会・経済全体にも関わる大問題を孕んでいることが分かる。これは日本だけの問題ではない。世界の多くの地域で自動車は唯一の移動・輸送の手段となっている。道路や燃料補給設備が十分に整備されていないところでも、ガソリン車ならば何とか対応できるが、ＥＶでは無理だ。ガソリン車は世界になくてはならないものなのだ。

このような悲壮感さえ感じさせられる豊田社長の提言も、「地球の未来のためのカーボンニュートラル」という虚言に踊らされているマスコミには届かずにほとんど黙殺されたのは、誠に残念であった。

実は、「脱炭素」のコストは恐ろしく高いものである。杉山は再生可能エネルギー導入によるCO_2排出削減のコストを２０１２〜２０１９年の実績から見積もって、１%削減のために約1兆円という数字を得た（杉山２０２１ａ、ｂ）。これはCO_2を１００%削減（脱炭素）するには１００兆円、すなわち国家予算1年分が必要ということを意味する。２０５０年までにこれを達成しようとすれば年間3兆円、途上国援助などを含めるとおよそ5兆円が必要とされ、国家財政を大きく圧迫する。破綻させると言うべきだろう。脱炭素・カーボンニュートラルは亡国の策なのだ。杉山の近著（２０２１ａ〜ｃ）にはそれがもたらすさまざまな問題が詳しく説明されているので一読を勧めたい。

▼これまでの国際交渉を総括する

CO_2排出削減は大きな経済的負担を伴うので、これまで多くの先進国は如何《いか》に少ない削減目標を他国に認めさせて国益を護るかに腐心してきたのだが、日本は京都議定書の交渉で政治家の認識不足による決定的敗北を喫したのち、その失地を回復するため事務方が並々ならぬ労力を費やしてきた。先進国（とくに日本）だけに経済的負担を負わせる京都議定書の枠組みを、すべての条約加盟国がコミットするパリ協定の枠組みへの転換を図るべく交渉を重ねてきたのだ。その交渉の詳細は、日本代表として中心的な役割を果たした有馬純氏の著書に記録されている（有馬２０１５、２０１６、２０２１）。利害の異なる多くの国を相手にして、一語一句をも疎かにできない緻密な交渉を重ねることで国益を取り戻そうとした努力に敬意を表したい。有馬は交渉の第一線を退いたのちに、自らが果たした役割を誇りを持って回想し、引き続き前線で衝に当たっている人たちにエールを送っている（有馬２０１６）。

しかしながら、このような有馬の業績にも自ずから限界がある。それは有馬がＩＰＣＣのCO_2温暖化論を受け入れており、「地球温暖化は現実に生じている問題であって、CO_2削減が必要であることは論を待たない」（有馬２０２１）と考えていることによる。そのため、国際交渉の記述は必ずしも公正とは言えない。たとえば米国での温暖化問題への取り組みについて、「非常に党派性の強い分野であり、民主党支持者が気候変動問題を重視するのに対し、共和党支持者の関心は低い傾向があります。ブッシュ政権の京都議定書離脱やトランプ政権のパリ協定離脱も、それを背景とするものです」と書かれているが（有馬２０２１）、実は民主党がCO_2温暖化一辺倒なのに対して、共和党はしっかりとした学術団体の協力を得て地道な政治活動を続けている。科学のレベルに歴然とした差があるのだが、科学的評価ができない有馬の眼には党派性しか見えないのだ。

すでに述べたようにＩＰＣＣはCO_2温暖化論者の集まりになっており、その報告書は気候の科学を正しくまとめたものにはなっていない。とりわけ冒頭の「政策担当者向けのサマリー」は科学が分からない人向けのＩＰＣＣ宣伝文書になっている。科学が分かる人でも大部の報告書をキチンと読みこなすのは容易でなく、ましてサマリーしか読まない一般の人はそこに書いてあることを信じる他はない。有馬が報告書を読みこなすことができずに「信じる」しかなかったとしても、それは仕方がないかも知れない。しかし、彼が「科学の不確定性を直視しなくてはならない」と言いながら「いわゆる温暖化懐疑論に組するものではない」と言う根拠は何なのか、国際交渉での緻密さに比べてそのナイーブさに戸惑わされる。たぶん「温暖化交渉に身を置いている限り」CO_2温暖化を疑うことは自身の存在意義を疑うことになるので、できない相談、理屈以前の問題なのだろう。周りはＩＰＣＣ信奉者ばかりで「いわゆる温暖化懐疑論に組するもの」は一人もいなかったに違いない。だが地球温暖化問題は、元来、気候の科学の問題だから、このように正しい科学の知識をもたない人間がいくら大勢集まって議論を重ね、言葉を練り上げてみても、的外れになることは避けられないのだ。

一例をあげるならば、パリ協定で気温上昇の2℃目標に島しょ国の強い要望で「1・5℃以下に抑える努力」が付け加えられたことである。2℃目標自体に科学的根拠がないことは既に述べたとおりだが、島しょ国が心配している海面上昇の実際の観測値はＩＰＣＣの予測より1桁小さいし、そもそもサンゴ礁の島々は沈まないことが実証されているのだ（4・2節）。このような目標を掲げていること自体がパリ協定の非科学性を如実に示している。

このような協定を作り上げた温暖化交渉の根本的な欠陥は、ＣＯＰ会議が科学に疎いメンバーで構成され、判断の基準となるべきＩＰＣＣ報告書が気候の科学を正しく伝える役を果たしていない、というところにある。そもそも30年前に制定された気候変動枠組条約の前提であるCO_2温暖化の認識は最近大きく変わってきたのだが、ＩＰＣＣやＣＯＰ会議はその条約を墨守するために科学の進歩を無視しようとしているのだ。

新しい気候の科学にもとづく今後の生き方については次章で考える。

▼CO_2をだいじにしよう

ここで、かけがえのない物質CO_2のためにどうしても一言述べておきたい。

地球の生態系は多くの物質の働きで成り立っているが、なかでも重要なのが水と酸素と二酸化炭素(H_2O、O_2、CO_2)である。植物はCO_2と水から炭化水素を合成して身体を作り、動物はその炭化水素を摂取し酸素で燃焼させてエネルギーを得る。CO_2はエネルギー代謝だけでなく、多くの生理作用をコントロールする、われわれの身体になくてはならない物質なのである。

エネルギー代謝の過程で作られ吐き出されるCO_2は呼気の約1/4を占めていて、一人の人間を8畳間に10時間とじ込めておくと、室内のCO_2濃度は約3000ppmにもなる。会議室や劇場などでは、換気をしていてもCO_2濃度が1000ppm程度になるのはよくあることだ。CO_2濃度がこれ位高くなっても驚くことはない。

今から6500万年以上前の恐竜の時代には、CO_2濃度が2000〜3000ppmになることが度々あって、植物は繁茂し、それを食べる動物は巨大化した。CO_2は人間だけでなく地上の生態系を維持するためになくてはならないもので、多ければ多いほど住み易かったのだ。

地球の歴史を遡ってみると、45億年前に創成期の地球を包んでいた80気圧のCO_2はやがて海洋に溶け込み、その後に発生した生物（貝類）によって炭酸カルシウム（石灰岩）に変えられて地中に埋められた。そして今、CO_2濃度は４００ｐｐｍまで下がってしまい、地上の生物は受難の時代を生きているのだ。「CO_2をへらそう」などと言う標語は、このことを弁えない妄言と言うべきである。

CO_2が増え続けるとやがて温暖化の歯止めが利かなくなって灼熱地獄になるというのも絵空事である。恐竜の時代のCO_2濃度は３０００ｐｐｍもあったが灼熱地獄にはならなかった。地球創生以来、地表温度は次第に低下して今に至っている。地球の気候システムには、CO_2濃度には関係なく、大きな復元力があって暴走することはないのだ。CO_2温暖化による脅威は地球科学に無知な人たちによる空論であって、大金を投じてCO_2を減らそうとする脱炭素キャンペーンは、自然の摂理を弁えない愚策である。CO_2は地球の生態系にとってかけがえのない貴重なものなので、大事にしなくてはならないのだ。

地球温暖化は寒冷化よりも歓迎すべきことである筈だ。実際、平均気温が高い年のほうが死亡率が低くなることは統計で示されている。農業はその土地の気候に合わせて行われるものだから、気候の変化には順応する他はない。どちらかと言えば、温暖化のほうが望ましい。もし新しい気候の科学が予測するようにこれから寒冷化に向かうのであれば、農業は今からそれに備えなくてはならない。

自然を理解できないのにコントロールしようとするのは思い上がりと言うものだろう。

▼緊急ニュース・ドイツ経済崩壊の兆し

この本の最終校正段階で入ってきたニュースを伝えたい（日本経済新聞電子版4月29日）。いよいよドイツ経済崩壊の兆しが見え始めたということだ。

国際通貨基金（ＩＭＦ）によると、ドイツの２０２４年実質成長率は前年から引き続き０・３％と予測され、米国２・７％、カナダ１・２％、日本０・９％、ＥＵ全体の０・８％に比べて著しく低く、凋落ぶりが際立っている。２０２３年にはドイツへの直接投資が10年来の低水準なのに対して、海外向けの直接投資はその5倍を超えていて、資本収支が改善に転じる見通しは全く立っていないとのこと。この産業空洞化は、これまで再生可能エネルギーを追い求めて走り続けてきたツケが回ったものに違いない。エネルギー価格の高騰と供給態勢崩壊の危機感が、このような現実をもたらしたのだ。ドイツ経済研究所のエコノミスト・ルッシェ氏は「政治が現状のままであれば、産業空洞化が大幅に加速する可能性がある」と指摘している。

これは他人事ではない。再生可能エネルギーに入れ揚げることで予測される当然の報いであって、「明日はわが身」かも知れないのだ。

第8章

これからの世界に生きるために

新しい気候の科学が予測するように100年間続いた地球温暖化が寒冷化に転ずるのであれば、今後も温暖化が続くという仮定に立ったパリ協定は無意味になる。ここではそれに代わるべき生き方を提案する。粗削りなものではあるが、来るべきパラダイムシフトに備える議論のきっかけになることを願っている。

8・1　世界が直面するエネルギー問題

ここで考えようとするのはごく近い将来の話である。２０４０年頃を谷とする寒冷化は地球の生態系に影響を及ぼし、世界を大きく変えるに違いない。化石燃料の可採年数50～２００年は大まかな見積もりに過ぎないけれども、いずれ枯渇するのは避けることができない。これからの世界を生きるには、これらの問題と真剣に向き合わなくてはならないのだ。

▼地球環境とエネルギー問題についてのまとめ

まず地球環境とエネルギー問題についての現状認識をまとめておく。

① 地球の平均気温は長期にわたって変動を繰り返してきた。中世温暖期（～10世紀）から小氷河期（16～18世紀）を経て、現在は再び中世温暖期とほぼ同じ気温に戻った。３００年前から段階的に上昇してきた気温は２０００年頃から頭打ちになっている。

② 気候変動と太陽活動との間に強い相関があることは古くから知られていたが、最近、これは太陽磁場が地表に到達する宇宙線量を左右しているためであるという認識がほぼ確立した。すなわち太陽磁場が弱くなると宇宙線量が増え、これが低層雲を作ることで気温を下げる。また極渦状態に変化をもたらすことで気温分布に影響する。現在、太陽は長期にわたる活動期が終了して、今後は活動

が弱まるにつれて気温の低下をもたらすものと予測される。

③　大気中のCO_2がもたらす温室効果はＩＰＣＣが仮定するよりかなり小さい（約1／3）。今後の数10年間は、太陽活動の低下による寒冷化の一部はCO_2の増加による温暖化によって打ち消されるが、全体として気温は頭打ちから低下に向かい、寒冷期が100年ほど続くと予測される。

④　大気中のCO_2増加が植生に好影響を与えることは確かであって、如何《いか》なる意味でも人間環境にとってマイナス要因にはならない。存在するCO_2を減らすこと自体に意味はなく、CO_2排出削減は炭素資源を未来の人類に残すためにのみ意味があるのだ。

⑤　炭素資源に替わるエネルギー源の開発は将来に向けての重要な課題である。代替エネルギー開発には長期目標として本格的に取り組まなくてはならない。

▼生き残るために

人類は約12万年前にアフリカを出てから、長い氷河期を生き抜いてきた。その間の平均気温の変動は10℃を越えていた。しかし現在の間氷期に入ると、それまでに例のない安定した温暖な気候に恵まれて、農耕を始め、文明を築き、技術を進歩させて、急激に増殖した。1650年に約5億であった世界の人口は1900年に約9億、1970年には36億、2020年には78億に達している。

この間氷期は1万年以上も続いていて、われわれは温暖な気候に慣れてしまったが、氷河期への急な転換はもう間近に迫っている筈だ。いつ起こるかは分からないが、必ず起こる。ＩＰＣＣが問題とする２℃の温暖化どころではない大きな寒冷化が待ち構えているのだ。その変動が自然要因すなわち地球の気候システムに内在するものである限り避けることはできない。何とか順応していく他はない。

いま人類は未曾有の困難に直面しようとしている。氷河期の再来より身近なこと、世界人口の増加に対処するため食料とエネルギーを確保しなくてはならないことだ。

有限の地球が養うことのできる人口は50億程度と言われていて、現在すでに世界人口70億のうち20億は飢えに苦しんでいることになる。食料の大増産が望めない以上、人口が１００億になったときにはその半数が飢えているだろう。これは遠い先の話ではない。30～50年後のことである。地球が温暖化すれば食料生産は多少増えるだろうが大勢に影響はない。もし予測通りに気候が寒冷化に向かうならば食料の減産が懸念される。そのときには、世界中で食料の奪い合いが起こって社会秩序は大きく乱れ、殺し合いが起こるかもしれない。生存を賭けての殺し合いを止める力をもつものは誰もいないだろう。

これが人類の歴史の必然であり、われわれがそれを変える力を持たないのであれば、せめてその中で生き残る策を考えようということになる。そのときに何よりもまず必要なのは、日本で食料とエネルギーが自給できることである。経済規模と人口を適度に縮小させて、縮小均衡を図る必要があるだろう。１９７０年代のオイルショックは中東産油国が石油を戦略資源として認識したことから始まった。その後、世界的に食料が不足するにつれて多くの国々が米国の食料戦略に絡め取られてきている。もちろん日本も例外ではない（鈴木２０１３・２０２１、山田 ２０１９）。人口増加と気候変動で食料が逼迫してきたとき、各国は食料の囲い込みに走り、価格は暴騰するだろう。自由貿易など、有名無実になるに違いない。食料は買えばよい、という訳には行かなくなる。食料自給は必須なのだ。

次節で述べるように、エネルギー自給は藻類エネルギーや水素エネルギーの開発などによって何とか可能になるかも知れないが、それを炭素資源が枯渇するまでに達成するのは容易ではないだろう。それにも増して困難なのは食料自給へのシナリオである。机上の計算では、藻類を主食にすれば需要を充たすことはできそうなのだが、まさかアオコを主食にする訳にも行くまい。でも、伝統的な農作物に比べて生産性が高く生育条件にも柔軟性がある藻類の助けを借りれば、食料不足をかなり緩和できる筈だ。それよりもまずやるべきことは、生産性が極端に低い肉食をやめてタンパク源を培養肉や昆虫食に切り替えることだろう。いずれにせよ、これまでの食生活を維持することはできなくなるに違いない。食料もエネルギーも今後20～50年が勝負なのだ。

8・2　これからのエネルギー源——非化石燃料への道を探る

これまでの経験から、風力・太陽光発電などのいわゆる再生可能エネルギーはそれ自体で化石燃料に代わることはできないことが明らかになった。既に述べたように、CO$_2$温暖化が重大な影響をもたらす可能性は低いのに対して化石燃料（炭素資源）の枯渇は遅かれ早かれ必ず起こるので、非化石燃料の開発は未来の地球の住人のために必須である。これまでに開発されてきたさまざまなエネルギー源はまだ大規模な実用化に達していないものが多いけれども、その可能性は見えてきているので、長い視野をもって取り組んでいくことが必要である。ここではそのような技術のうちのいくつかを紹介しておく。

▼電気エネルギーを貯える

最近のエネルギー技術の中で最も身近に広く普及しているのはハイブリッドエンジンだろう。ハイブリッドとはガソリン・電気混用の意、減速時にブレーキの代わりに発電機を回し、得られた電力を蓄電池に貯えて利用する。これでエネルギー効率を30％向上させられたのだ。ガソリンエンジンの歴史は長くてその改良は限界に近いので、ハイブリッドシステムによるこの燃費の向上は驚異的なものだった。そのためトヨタが1997年にプリウスを発売して以来、ハイブリッドカーは急速に普及した。ここで使われているMH電池は負極に金属水素化物を使ったコンパクトなモジュールになっていて、日本で開発された水素貯蔵合金技術が鍵を握っている。

２０１９年にはリチウムイオン電池の開発に対してノーベル化学賞が授与されて、開発に関わった日本人研究者（吉野彰、水島公一）が話題になったが、そのエネルギー技術への寄与は限定的である。軽くて大容量の蓄電池が車載用として実用化されているけれども、資源量が極めて限られているので大規模利用はできないし、すべきでない。

大電力用としては、日本ガイシ社が２００2年に実用化したＮＡＳ電池（ニッケル硫黄電池）がある。希少資源を使わず、コストが安く、堅牢で長持ちするので（15年）、１００メガワット級の太陽光・風力発電の平準化用として定番になりつつある。今後はコストを揚水発電並みに下げるのが目標とされている。ただし動作温度が３００℃と高いことが問題である。

より大規模で現実的なエネルギー貯蔵技術は揚水発電すなわち余剰電力で水を高所に汲み上げておき不足時に発電に使うという方法であって、エネルギー効率は70％とかなり高い。実際、ドイツでは２００個の揚水発電用ダムが作られたのだが、国全体の風力・太陽光発電の変動を平準化するために必要な容量はその約１０００倍なのでとても足りない。こうしてエネルギー政策は壁にぶつかって立ち往生してしまった。日本の場合には、電力使用量の１％を揚水発電で賄うには深さ50ｍで10㎞四方のダムを約１００個作る必要がある。リアス式海岸の湾口を閉じるなど新たな立地条件を探るにしても、この需要を満たすのは容易ではあるまい。

▼新しい原子力

原子力エネルギーが新たな注目を集めている。もちろん原子炉に内在する危険性と放射性廃棄物の処理問題が広く認識されたいま、化石燃料に代わる基礎的なエネルギー源（ベースロード）として原子力を利用するには、この難題を克服する新技術が必要とされる。

そのうちの一つが小型モジュール炉（ＳＭＲ）である。大まかに言うと、出力は従来の原発の1／10～1／100であって、従来の原子炉が大規模化することによるスケールメリットを追求したのに対して、その動作原理は変えずに小規模化することのメリットを追加するのである。まず小型化することで燃料の冷却が容易になり事故時の問題が大幅に軽減される。また原発をモジュール（ユニット）に分割・組み立てできるようにすることで、工場生産が可能になるだけでなく、立地・建設・運用の柔軟性が確保できる。

ＳＭＲについては、ごく最近（２０１７年頃から）数カ国でさまざまなタイプの実証プロジェクトが行われるようになっている。たぶん数年のうちには技術的な評価も定まり、制度も整えられてベースロード電源として認知されるようになるだろう。

もう一つ注目されているのがトリウム溶融塩炉である（ウィキペディア）。これは1960年代に米国で開発され、オークリッジ国立研究所の実験炉は3年間トラブルなしに稼働したのだが、その後、ウラン炉が主流になったために実用化されることなく眠っていた。しかし近年、ウラン炉に固有の問題（安全性と放射性廃棄物）を克服するものとして再認識されてきたのだ。トリウム炉の原理は独特である。トリウム自体は核燃料にならないのだが、それに火付け役として少量のプルトニウムを加えると核反応を起こしてエネルギーを放出し、そのときにプルトニウムは消滅する。プルトニウムとして従来の原発から放射性廃棄物として放出されたものを使えば、その処理ができたことになって一石二鳥である。この反応は高温（溶融状態）で起こさせるので冷却の必要はなく、高圧容器は使わないので爆発の危険もない。

トリウムはレアアースとともに産出するのだが、使い途がないので余っている。また放射性のプルトニウムはこれまで処理できずに溜まったものが十分過ぎるほどある。資源的にも、技術的にも、トリウム溶融塩炉は活かして使うべき、古くて新しい技術なのである。

原子力利用は核兵器に転用される恐れがあるために法規でガンジガラメにされていて、それが新技術の開発・実用化を阻害しているのだが、化石燃料に代わるベースロード電源が強く求められるようになったことで変化の兆しが見えてきた。2011年には中国がトリウム溶融塩の実験炉2基の建設に着手した。中国にはウランがないので、豊富なトリウムをエネルギー源とする計画に着手したのだろう。

長い目で見れば、日本が国策として進めている核燃料サイクルのための高速増殖炉の実用化が、さらに長い目で見れば核融合炉の開発がある。水素の核融合反応でエネルギーを放出させることは水素爆弾として実現しているが、その反応を制御して利用することはできておらず、研究は一国では賄いきれないほどに巨大化して、実現の見通しは全く立っていない。

▼水素エネルギーシステム——電気に代わる2次エネルギーの可能性

化石燃料・風力・太陽光などを使って発電をするとき、そのエネルギー源を1次エネルギー、電力を2次エネルギーという。水素エネルギーシステムとは電力の代わりに水素を2次エネルギーとして使うシステムのことで、水を分解して作った水素を貯蔵し、輸送し、再び酸素と結合させて水にするときに発生するエネルギーを利用する。水素という形にさえすればエネルギーが貯えられたことになるので、電力を使って水から水素を作れば（電気分解すれば）、それでエネルギーが貯蔵されたことになる。太陽光発電で水素を作れば、全体として物質収支もエネルギー収支もゼロの完全循環型のサイクルが実現される。これが理想的な形での水素エネルギーシステムである。

現在、工業用水素はほとんど天然ガス（メタン）と水蒸気を混合・加熱することで作られているが、将来の水素エネルギーシステムでは、化石燃料を使わずに水素を大量生産する方法がなくてはならない。そのために複数の化学反応を組み合わせた熱化学分解法が考案され、この方法による水素連続製造装置は既に試運転に成功している。一連の化学反応を繰り返し行わせることで、作動物質を消費することなく水を水素と酸素に分解することができるのだ。問題は８００～９００℃の熱源が必要なことだが、これには高温ガス炉と呼ばれる原子炉を使うのが最適の方法と考えられる。

日本は１９７４年に第一次オイルショックを受けてからエネルギー資源を確保するための大規模な研究に着手し、その中で水素エネルギー利用技術の研究が継続的に行われてきた。この国家プロジェクトは目標が直ちに実現できるものではなく、今でも水素を大量に長距離輸送することが難問として残されているが、水素エネルギー社会を実現するための地球規模の社会実験を検討してきたことは決して無駄ではなかった筈である。

ところが、最近では「水素エネルギー」はもっぱら自動車のCO_2排出を減らす手段に矮小化されてしまっている。その目的自体が無意味なだけでなく、無謀で危険極まりない。数１００気圧の高圧容器に水素ガスを詰めて車に積むなど、正気の沙汰とは思えない。至る所に爆弾が走り回っているようなものではないか。目標が狂ってくると思考まで狂ってくるものらしい。

▼藻類エネルギー――石油を作る

藻類と言うとコンブやワカメのような海藻を思い浮かべるだろうが、実は多種多様なものを含んでいる。大まかに言えば、光合成を行う生物の中で陸上の植物を除いたすべてを藻類という。

藻類のもつ大きな特徴は、植物に比べて成長（増殖）が速いことである。増殖速度は一日で倍増する程度であって、これは陸上植物の数10倍から100倍に当たる。藻類は多くが水中にあって陸上植物のように身体を支える組織が必要でないため、多くの細胞が光合成に参加できるのだ。

近年、藻類がエネルギー源として注目を集めているのは、成長に伴って多量の油脂を産生する微細藻類が見出されたためである。このような藻類は陸上穀物の約200倍のエネルギーを生産することができる。ある見積もりによれば、現在、石油として消費されているエネルギーを藻類に作らせるには、全耕地面積の2〜4%があればよいという。これは極めて大きな潜在能力というべきだろう。わが国では筑波大学の渡辺信を中心とするグループが藻類エネルギーの重要性を訴えて活動してきた（渡辺2010、深井2015）。ここでは、その中の一例としてボトリヨコックスを紹介しておこう。

ボトリヨコックスは湖沼やダムなどの陸水環境を中心に世界各地に分布している緑藻類で、その細胞は倍数分裂によって増殖し、数10から数100個が集まって群体（コロニー）を形成する。産生する油は重油に相当する炭化水素で、その量は乾燥質量の75%に達する。実はその化石はオイルシェールの中に見出されているので、ボトリヨコックスはその昔に化石燃料の原料となった炭化水素を、いま、われわれの目前で産生しているのだ。最近、藻類の組織全体を高温・高圧処理することで油化する技術が開発されて油生産効率が飛躍的に向上し、藻類利用への期待が高まっている。藻類の中には水素を効率よく発生するものがあることも発見された。

また藻類は油だけでなく糖類やタンパク質など多くの栄養成分を効率よく産生するので食糧問題に貢献する可能性もある。たとえばタンパク質として牛肉１kgを得るには、その７倍の穀物を必要とするが、その間に、ある種の藻類は穀物の数10倍のタンパク質を作りだすことができるのだ。このように藻類はエネルギー問題から食糧問題に到る広範な分野で大きな可能性を秘めた生物なのである。

ここでとくに指摘しておきたいのは、藻類から石油が作れたということは、一つのエネルギー生産法を拓いたというだけではなく、世界を石油資源の枯渇から救う手段が得られたという大きな意義をもつということである。このことはいくら強調しても過ぎることはない。藻類に CO_2 を吸収してもらうなどというケチな話とは次元が違うのだ。

最近までの藻類研究については渡辺信による総説（２０１７）と中原剣らの著書「これからの藻類ビジネス」（２０２１）にまとめられている。

８・３　これからの世界に生きるには

この本を終えるに当たり、これからの世界に生きるためにはどうすべきかを改めて考えることにする。そのために、まず世界の現状を冷静に見直すことから始めよう。

▼ヨーロッパの現状から見えること

パリ協定とグラスゴー合意によって世界の脱炭素キャンペーンは新しい段階に入った。日本では、京都議定書のときと同様に、政府もマスコミもこのキャンペーンの理念を称賛して積極的な参加を呼びかけている。しかし、パリ協定の基にあるCO_2温暖化論の非科学性とグラスゴー合意の非現実性を見ると、これを受け入れることは危惧せざるを得ない。

実際、パリ協定の旗振り役だったヨーロッパの現状をみると、既にその綻びが見え始めている。EUのエネルギー政策をめぐっては東欧との間に不協和音が高まっていたが、牽引役だったメルケル首相引退後のドイツは政情不安となり、英国でのジョンソン首相への信頼も急速に失墜して引退を余儀なくされ、その後は政情不安が続いている。ヨーロッパが一丸となって推し進めようという意欲は見られなくなっているので、この協定が永く存続するとは考え難い。

欧州委員会はパリ協定の脱炭素化目標に向けての具体策がグラスゴーで合意された僅か1か月後に、天然ガスと原子力産業をEUタクソノミー（分類）政策における「グリーン」企業と認定した。そもそもEUタクソノミーとは、パリ協定の理念に合致する企業活動を認定して支援しようという政策なので、この認定はその精神に反するものとして論議の的となった。しかし、2021年にヨーロッパが再生可能エネルギー不調によるエネルギー危機に見舞われたことから、脱炭素政策の急先鋒だったフォンデルライエン委員長（ドイツ人）も、これまでの「グリーン政策」は維持できないと認めざるを得なかったのだ。事実上の敗北宣言である。ドイツではメルケル引退後の連立政権の一翼を担い「脱原発」を主張して譲らない緑の党が、原子力を「グリーン」と認定することに反対したが、代わりに天然ガスが「グリーン」と認定されたことを歓迎した。だが、予定通り2022年に原発を全廃したらエネルギー不足に陥ることは明らかで、その対応策があるとは思えない。お隣の原発大国フランスから電力を大量に買うのだろうか。EUが現実的なエネルギー政策に舵を切ろうとする一方で、ドイツの政策は支離滅裂になり、ウクライナ戦争に対応するために右往左往するばかりになっている。

EUタクソノミーは、脱炭素化のための政策とされているが、ヨーロッパの作る基準を世界に広めようという発想は、一皮むけば脱炭素化を名目に世界経済を支配しようとする植民地経営の発想そのものである。脱炭素政策を推進している西欧諸国が植民地時代に世界を制覇した国々で、その政策に強く反発する中国とインドが植民地時代の最大の被害者であることは偶然ではなかろう。「植民地主義は今でも生きている」というインドのモディ首相の発言は、まさに核心を突くものだったのだ。このことはグラスゴーが旧宗主国の地であっただけに、殊さら強く実感されたに違いない。日本は、ともすれば首を擡げようとする「遅れてきた旧宗主国」の意識をもって無批判に西欧諸国に同調することが無いよう、くれぐれも自制しなくてはならない。

▼恐るべき中国の世界戦略

日本は脱炭素政策に中国が協力しないのはケシカランという欧米の主張に同調しているが、実は、脱炭素政策そのものが中国の世界戦略を助けているのだということを見落としてはならない。

このことを有馬は「漁夫の利を得る中国」と表現している（有馬2021）。また杉山は近著「脱炭素は嘘だらけ」（2021a）の中で、それが緻密に練り上げられた世界戦略の一環であることを論証し、日本がそれに対してあまりにも無防備であることに警鐘を鳴らしている。この問題に関して、両氏の認識はほぼ一致している。

以下は有馬の著書（2021）からの抄録である。①中国は太陽光市場を支配している。ドイツのエネルギー政策に後押しされて太陽光パネル産業は世界シェアの7割を握るまでに急成長した。今後も脱炭素キャンペーンが続く限り成長し続けるだろう。②洋上風力でも、風力発電機メーカーの上位5社のうち2社は中国企業になっている。③電気自動車（EV）の覇権も狙う。国家戦略で2025年には世界の自動車大国の仲間入りをすると宣言し、すでに国内では超安価なEVを大量に普及させている。④グリーン製品の実像。世界の脱炭素化が進むにつれて、中国製の太陽光・風力発電・EVが激増している。しかし生産に使われる電力の6割は（グリーンでない）石炭火力によるものであり、太陽光パネル用シリコンの半分は人権抑圧が問題視されている新疆ウイグル自治区で生産されている。⑤戦略鉱物の中国支配。グリーン製品の原材料は戦略物資として中国に支配されている。EV用リチウム電池製造に使われる蛍石の６割強、モーター用磁石に使われるレアアースの６割超が中国産で、リチウム電池に必要なコバルト鉱石の権益の約４割は中国資本が押さえている。これらの資源はＩＴなど先端技術にとっても必要不可欠なものである。⑥脱炭素キャンペーンは中国のエネルギー調達コストを低減する。先進国が化石燃料消費を減らすと、その価格が下がり、中国の産業に有利に働く。これは中国依存をさらに強めることになる。⑦石炭火力発電の輸出停止は中国の市場独占を増すだけ。欧米諸国が脱炭素のために輸出禁止にしている石炭火力発電は、途上国にとっては安価に電力を供給するために必要不可欠なものである。２０００〜２０１５年の間に電力供給を受けられるようになった12億人のうち約半数は中国資本によるものであった。世界銀行が石炭火力への融資を止めたのに代わって、中国は世界１５２か国に数兆円を投じて石炭火力発電の建設を進めてきた。

欧米諸国が（日本も含めて）脱炭素化という自傷行為に耽っている間に、中国はそれに乗じて巨額の富を貯え多くの途上国を傘下に収めて、着々と世界制覇を進めてきたのだ。数多くの国が中国の援助を受けている（債務にはまっている）現状では、中国のいかなるルール違反も一国一票の国連の場で非難されることはない。現に香港の民主化運動弾圧を人権侵害だとして先進国が非難決議を提出したのに対して、その倍の数の国々が内政干渉だとしてこれを否決した。

中国の脅威は経済面だけに留まるものではない。経済的結びつきが強くなれば必然的に多くの面で依存度が高くなり、やがては重要なインフラも中国なしでは成り立たなくなる。現に英国では電力事業に中国企業が深く浸透して、いまや習近平がいつでもロンドンの社会機能を麻痺させることができるようになってしまった。

さらに中国のIT機器やデジタル産業が浸透してくると、サイバー攻撃の危険が増大する。サイバー攻撃の対象は電力網や発送電設備から銀行、病院など広範囲に及び、それを防御すること（サイバーセキュリティ）は容易でない。米国では2020年に電力網をサイバー攻撃から守るために中国・ロシアからの輸入を制限する大統領令が発せられ、ファーウェイなどの先端技術企業が排除されたが、ここでも日本は出遅れている。

杉山の警告：日本の電力やガスは大丈夫だろうか。すでに太陽光発電には中国企業が参入し、発電所を所有し、売電で利益を得ている。またそのために多くの土地を購入しており、送電網には多くの中国製品が接続されている。「2050年CO_2ゼロ」のために中国からの参入がさらに増えれば、日本の電力網も英国と同様の危険に晒される。英国の例を教訓として、直ちに実効性ある対策を講ずるべきではないか。

▼これからの世界に生きるために——有馬・杉山の提言

有馬はCO_2排出削減を求める国際協定の中で日本が生きる道は、日本の技術で世界全体のCO_2削減に貢献することであるとした。温暖化問題はグローバルな問題であり、日本国内での削減も海外での削減も温暖化防止という点で等価であるから、その際の日本の技術の貢献が明示され評価される仕組みが作られるならばそれでよいという訳だ（有馬２０１５）。だが２０２１年にエネルギー基本計画で２０３０年46％削減・２０５０年に実質ゼロという目標が公式に決定されると、内外の環境至上主義者やマスコミの作り出す「世界は脱炭素化まっしぐらだ。バスに乗り遅れてはならない」という同調圧力が強まったために、政府の方針に対抗する新たな提案をせざるを得なくなり、「亡国の環境原理主義」を上梓したのだという（２０２１）。いわく、①46％は必達目標ではないと腹をくくること。中国やインドの状況を考えればカーボンニュートラル目標はすでに崩壊しているので、今後は他国やエネルギーコストを考慮して柔軟に対処する。②最も費用対効果が高いCO_2削減案である原発再稼働を加速し、さらに新増設を図る。③産業競争力を高めるため、産業用エネルギー価格の低減を図るとともに、脱炭素技術開発予算を抜本的に拡充する、等々である。（有馬は、このとき交渉団から離れていて、自由に発言できる立場になっていた。）

第６次エネルギー基本計画については、CO_2削減を目指して経産省が緻密な検討を重ねてエネルギー源構成（エネルギーミックス）の案を練り、何とか26％削減という案に漕ぎつけたのだが、米国でのサミットで46％削減と菅首相（当時）が公言したためにそれをご破算にされてしまったという経緯がある。苦心の結果を反故にされ、実現不能な結論を与えられ、原発再稼働などの手段を封じられた上で作文を強いられた経産省の担当者の無念は如何《いか》ばかりか、想像に難くない。有馬は著書の中で、経産省の後輩たちへの労いの言葉を述べている。専門家の意見に耳を貸そうとしない、これが「官邸主導」の実態だったのだ。

つまるところ、CO_2排出削減にかかる大きなコストに対応する具体策を提示することはできず、削減目標はどうせ実現不能だから周囲の状況を見ながらほどほどに諦める他はないということだ。有馬は他国の動向やコストを度外視して削減目標を追求すれば日本だけが損をすることになると言い、菅前首相と小泉大臣が途方もない削減目標を設定したのに、そのための原発再起動の重要性を発信しないのはケシカラン、「格好良いことは言いたいが泥は被りたくない」というのでは無責任ではないかと批判している。有馬自身も、自分は与えられた条件下での国際交渉に精一杯の努力をしてきたのに裏切られたと感じていることだろう。無理もない。だが、これはCO_2削減という無意味な目標を追求したことの当然の結末ではないか、いまCO_2ゼロ政策に同調して、それを煽っている人たちはいずれ同じ結末を迎えるのではないか、と思わずには居られない。

有馬が経済畑の役人として地球温暖化の国際交渉に携わってきたのに対して、杉山は大学で物理学を専攻したのちに電力中央研究所とキャノングローバル戦略研究所でエネルギー問題と地球温暖化問題に関わってきた。したがって、科学のレベルには格段の違いがあって、IPCCのCO_2温暖化論の限界はほぼ正確に把握している。その杉山は近著「脱炭素は嘘だらけ」（2021a）の序文に書いている（一部改変）。「地球温暖化問題の状況はここ１、２年で一変した。急進化した環境運動が日米欧の政治を乗っ取り、巨大な魔物となって、中国の台頭を招き、日本という国の存在に関わる脅威になっている。」そして「これまでＩＰＣＣや日本政府の委員を勤めたりしてきたが、それとは一線を画して、この本を書くことにした。なぜなら「２０５０年CO_2ゼロ」などという極端な政策は、科学的にも、技術的にも、経済的にも、人道的にも間違っていると思うからだ」と言う。それを受けて著書の中では、脱炭素キャンペーンが如何《いか》に非科学的で欺瞞に満ちたものであるかを告発している。

ところが、パリ協定にどう対処すべきかという現実の問題となると、有馬と同様、「２０５０年CO_2排出ゼロ」という国際公約を後戻りさせるのは難しいとして、それを認めた上での対応策を考えようとするのだ。これはＩＰＣＣの科学の限界を認識しながら、その委員として体制内変革に努めてきた、これまでの生き方の延長上にあると言えよう。

以下に杉山の提言を略述する。杉山は脱炭素化に付き合うには技術開発に注力して「アフォーダブルな（手頃な）CO_2削減技術」を生み出し、それを世界全体に広めることでCO_2削減を進めるのだという。日本のCO_2排出は世界の約３％だから、このような技術さえあれば、その程度の削減は十分に期待できる。重要なのはイノベーション、すなわち新技術の発明と普及、それによる経済の好循環の促進であるというのだ。それに向けて杉山が挙げたいくつかの論点のうち、とくに二点だけ記しておこう。

第一に、イノベーションのための開発費用は惜しむべきではないが、普及段階ではその技術がアフォーダブルであることを見究めなくてはならないということ。失敗例として超音速旅客機コンコルドを挙げている。第二に、政府の役割は抑制的であるべきこと。新技術への補助は必要だが、基礎研究から実証研究にとどめるべきであり、普及段階に及んではいけない。再生可能エネルギー普及のための全量買い取り制度は、典型的な失敗例である。政府の役割は新技術の普及を妨げないような制度改革をすることにあると言うのだ。

全体として、論旨は有馬の提言とほとんど変わらない。CO_2削減目標を認めたうえで日本にできるのはこれしかない、ということだろう。目標を達成するための具体策というよりは残された可能性で何とか設計図を描いて見せたと言うべきものである。やみくもにCO_2排出削減に取り組むよりは、そのための新技術を開発するほうが効率的で安上がりだという。多分そうなのだろうが、果たしてそれが実現できるのか、その普及に多くの国が協力してくれるのかは、誰にも分からない。確かなのは、日本がどのような努力をしようとも世界のCO_2排出は中国とインドのために増え続けるということだ。

▼これからの世界に生きるために――深井の提言

有馬はＩＰＣＣのCO_2温暖化論をそのまま受け入れ、杉山はCO_2温暖化はＩＰＣＣが主張するよりずっと小さいと考えている。しかし両氏ともCO_2削減目標が国際協定として定められ、日本がそれに加盟している限り、そのための方策を考えなくてはならないという判断では一致していて、その立場で提言を行っている。

しかしながら、本書で詳しく述べたように、この判断は科学として間違っている可能性が高いのだ。新しい気候の科学によれば地球の気温は主に自然要因で決まっていて、過去100年間の温暖化のうち人為的要因（CO_2温暖化）による分はたかだか1／3に過ぎない。CO_2温暖化がこの程度であれば、将来とも人間生活に及ぼす影響は大きくはなり得ない。それよりは近い将来に予測される寒冷化の影響が危惧される。すでに観測されている太陽磁場の弱まり（**図5-6**）は10数年後の気温低下の前兆と考えるべきものである。こうして2030～2040頃を中心に過去のダルトン極小に匹敵する気温低下が100年間ほど続くと予測されるのだ。

新しい気候の科学も100％正しいとは断定できないが、IPCCのCO_2温暖化論の根拠が薄弱で既に観測と大きく乖離しているのと比べれば、信頼度は遥かに高いと言うべきだろう。そこで、ここでは「政治的に正しい」（と人間が勝手に決めた）パリ協定の束縛を捨てて、「科学的に正しい」と考えられる国策を提言することにする。

新しい気候の科学による予測では、今後CO_2濃度が増え続けるとしても温暖化はほとんど起こらない（**カラー口絵3**）。自然要因による寒冷化の効果が大きいからだ。そうであるならば、今後の気候変動対策は単純明快で、「何もしなくてよい」ということになる。そもそも温暖化防止キャンペーンはCO_2の温室効果に尾ひれがついて始められたものなので、その科学的根拠（仮定）が否定されたときには止めるのが当然なのだが、それが出来ないのは、あまりにも立派な理念で飾り立てられ、ガチガチの利権で固められてしまったため、後に引けなくなったからなのだ。だが、あと10～20年が経って温暖化が起こらないことが明らかになれば、1・5℃目標やCO_2削減目標は無意味となって捨て去られ、パリ協定は世紀の愚策として歴史に名を残すことになるだろう。いまその愚策に乗ってはいけない。いったん宣言した国際公約を変えるのは難しいと言うなら、変えると公言せずに面従腹背し、10年間ひたすら国益を追求していればよいのだ。

もちろん、CO_2排出削減は全く無意味ではない。将来の化石燃料枯渇に備えて、その消費を減らし代替エネルギー開発に取り組むのは有意義なことである。だが物事には順序がある。日本は、現に国力を衰退させている無理なCO_2削減を止めて、炭素資源保存への取り組みは後回しにすることだ。いかに有意義なことであろうとも、そのために瀕死の病人が働くことはできないので、まずは治療に専念するというのが道理だろう。

途上国援助も、CO_2削減を目的とするものは無意味なので、選別して早々に打ち切るべきである。そもそも膨大な借金を抱えている国が、気前よく他国を援助する余裕はない筈だ。他国を援助するために巨額の赤字国債を発行するのが理に叶っているとは、とても思えない。まずは国益に沿わない支出を極力抑えて、財政の健全化を図るべきであろう。

足許に戻って、われわれのとるべき具体的な手続きを考えよう。国際的には、まずＩＰＣＣ事務局への拠出金を止めることだ。金額は２０００万円程度のものだが、これを止めることにはＩＰＣＣの活動に異議を唱える意思表示としての意味がある。これは国連で「任意拠出金」に分類されているので、いつでも止められる。次に、パリ協定からできるだけ距離を置くことだ。事務経費だけは負担することにして、申告したＣＯ$_2$削減目標にはこだわらないことだ。（目標を達成できる国はほとんどないだろう。）罰則はないから実害はない。途上国援助が必要ならば、精査した上で2国間協定を結べばよい。それができなくなったら、パリ協定から離脱する他はない。これも手続きは通告するだけで、１年後に発効することになっている。ただし、日本の離脱は大きな金づる（カモ）を失うことになるため世界中から非難を浴びるのは必定、それに毅然として対峙する覚悟と理論武装が必要になる。肝要なのは、これが科学的根拠に基づく判断であるという信念を曲げず、「未来の地球のために」などという言辞に惑わされずに、国益を護る姿勢を崩さないことである。さもないと「失われた20年」を延長することになってしまう。途上国が援助を求めるなら求めればよい。欧米諸国がそれに応えるなら応えればよい。日本はすでに十二分に奉仕させられたので今後は自身の保養に専念すると宣言すれば良いのだ。強いられた貧困から脱して個人所得を欧米並み（40％増）にするには、これより理に叶った方法はないだろう。こうしてひたすら我慢していれば、10～20年後には寒冷化が救いの手を差し伸べてくれるだろう。

国内向けの政策としては、さし当りエネルギー基本計画からCO_2排出削減を外して経済性を第一義とすることである。エネルギー源としての炭素資源利用はできるだけ減らすべきだが、無理のない削減目標は既に達成しているので、それ以上に深追いすべきではない。具体的には、何よりもまず再生可能エネルギーの性急な導入を抑えて、電力料金への巨額の賦課金（企業負担分を含めて２０２０年に３・８兆円：有馬２０２１）をできるだけ速やかになくすことだ。これによって間違いなく個人の可処分所得は増加し、産業の国際競争力は高められる。「失われた20年」の間に、日本の社会インフラは世界に後れを取るようになり、かつては世界に誇った企業の技術力にも衰えが見え始めているが、今ならばまだ間に合うだろう。脱炭素という無益なタガを嵌められ、無駄な出費を強いられている企業は、それを外されれば活力を取り戻すに違いない。これによって、やがては国家財政も健全化し、国民生活も豊かさを取り戻すことができると期待される。そのためには、脱炭素というパリ協定の虚妄を捨て去ることが必須なのだ。

日本はまた温暖化の妄想も捨てて、来るべき寒冷化に備えなくてはならない。20～30年後の本格的な寒冷期に先立って短い寒冷期がたびたび襲来し、生態系とくに農業に大きな影響を与えるだろう。

日本のような中緯度地域では、温暖化よりも寒冷化の影響のほうが深刻になる。植物の気候変動への順応が遅いことを考えれば、農業の寒冷化対策は早いに越したことはない。

今後、厳しい寒冷期がやって来たとき、大気中のCO_2の温室効果は、その寒さをいくらか和らげてくれるだろう。**カラー口絵3**によれば、その温室効果0・3〜0・5℃は決して無視できない、貴重なものである。

▼気候の科学をだいじにしよう

いま気候の科学はひどく傷ついている。「科学」としての評価がなおざりにされて、政治問題にされてしまったからだ。IPCCが主唱するCO_2温暖化論が科学としてどれほどの完成度のものかは、気温予測と気候感度の計算（**カラー口絵1、2**）をみれば一目瞭然だろう。このおおきなバラツキと実際の気温との大きな乖離がIPCCの「科学」の現状なのだ。IPCCは、この大きなバラツキの中で気温上昇の大きなもの（乖離の大きなもの）を選びだして将来の温暖化の脅威を煽っているのだ。IPCC報告書の「政策決定者のためのサマリー」では、この観測結果との乖離は伏せられて、将来の大きな気温上昇が強調されている。これでは政治目的のために科学を捻じ曲げたと言われても仕方あるまい。

問題は、国連の名のもとにこの報告書が公表され、国際政治が動かされ、巨額の資金（人類の富）が不確かな（あり得ない）脅威を防止するために浪費されていることだ。まずはこのことを認識しなくてはならない。気候の科学だけではない、地球の住民全体の利益がこれによって損なわれているのだ。

第4章で述べたように、地球温暖化防止キャンペーンはカナダの政商モーリス・ストロングによって始められたものである。それはCO$_2$温暖化の科学と国連の名を借りた、これまでに例を見ない国際規模の謀略だったと言えるだろう。たぶん彼の意図とは異なって、この謀略の最大の勝者は発展途上国になり、先進国からの巨額の援助を大威張りで手に入れることになった。先進国の中で最大の敗者が日本であって、京都議定書以来、CO_2排出削減の義務を一身に背負わされて衰退させられたのだ。このことは国民には正しく伝えられず、CO_2排出削減は地球の未来のための崇高な義務だという教義が刷り込まれてきた。日本政府は、ただひたすら、国連を通じて欧米の主謀者（環境至上主義者）から押し付けられた役割を果たすことに汲々としてきた。これは為政者の国際感覚の欠如と科学への無理解のなせる業で、歯痒い限りである。

しかし、幸か不幸か、ウクライナ戦争が勃発したことで世界情勢は一変し、世界は現実に起こっている経済危機に対応するのが精一杯で未来の（想像上の）温暖化に数100兆円を投じる余裕はなくなった。この機会にわれわれがなすべきことは、非科学的な温室効果ガス削減を目的とする国連の気候変動枠組条約を廃止し、それに基づいて行われてきたすべての活動を中止することである。

今や、国連の気候変動政策は環境至上主義者の手で進められている。4・5節で述べたように、気候の科学のとりまとめ役であるべきＩＰＣＣは環境団体に乗っ取られていて、公正であるべき報告書はCO_2温暖化論の宣伝文書になっている。環境科学は、本来、自然科学に根差したものでなくてはならないのだが、気候変動問題では政治目的のために捏造され、世界に広められてきたのだ。

科学者も政治家も実業家も、今ほど責任ある行動が求められている時はない。なかでも気候変動は本来、自然科学の問題なのだから、科学者は大きな責任を負っている。大勢に順応して温暖化の脅威を唱えることで保身を図っている人たち、とくに環境科学というグレーゾーンに身を置いて温暖化防止の宣伝を仕事にしている人たちは、自然科学としての気候の科学を学びなおして欲しい。巨額の予算を浪費させることで国の滅亡に加担していることを自覚して欲しいのだ。

しかし科学が多数決で決められるものでないことは、ガリレオ・ガリレイの例を引くまでもなかろう。すべてが人間世界（神の世界）を中心に回っていると考えられていた時代に地動説を唱えたガリレオは排斥され迫害されたが、それでも地動説は正しかった。

本書に述べたことは、今ではあまり知られていないだろうが、これから10年～20年が経ち、寒冷化が明らかになってきたら、そのときにこの本の「科学」は改めて評価されるに違いない。しかし、それでは遅すぎる。その時まで欧米の主謀者の言いなりになっていたら、日本はしゃぶり尽くされて再起不能になっているだろう。日本が破綻したとき、助けてくれそうな国は見当たらない。どこかの属国になるのだろうか。

この本はそのような近未来への警鐘でありたいと考えている。

この本の校正時に重要なニュースが飛び込んできたので、それに触れておきたい。6・3節で述べたように、日本のハイブリッド車（ＨＶ）技術に完敗した欧米はグラスゴー会議でガソリンエンジン車から電気自動車（ＥＶ）への移行を強制しようと謀《はか》ったのだが、これによって無理に作り出されたＥＶブームは２０２３年を境に失速し、多くのメーカーが撤退を始めているというのだ。その主な原因は欧米のメーカーが中国との安売り競争に敗れたことだが、ＥＶ技術とインフラ整備の未熟さが市場から嫌われたことも原因とされている。その証拠に、同時期にＨＶ車の需要は着実に増えている。トヨタ社長（当時）の批判（ｐ１８７）は正鵠《せいこく》を得ていたと言うべきだろう。こうして再び敗北した欧米は、脱炭素化は棚上げし、ＥＶ補助金を廃止するなどして中国の締め出しへと舵を切った。脱炭素化一辺倒だった欧米は、これまでの大義名分を捨てるという方針転換を余儀なくされたのだ。

如何に言葉を飾って見せようと、状況を糊塗《こと》して見せようと、不合理なものは、いずれは矛盾に陥って自滅していくのだ。盲従するものも同列である。そのような不合理を見究める、確かな眼を持ちたいものである。

▼まとめ

最後に、今後の世界に生きるための指針を改めてまとめておこう。

1．気候の科学の進歩によって、これまでにCO_2による温暖化は直接観測されていないことが確認され、今後は2040年頃を谷とする寒冷化が予測されるようになった。

2．CO_2温暖化を前提とする気候変動枠組条約は、科学として誤りであることが明らかになったので廃止すべきである。

3．気候変動枠組条約に基づいて行われてきた国連の政策は抜本的な見直しが求められる。CO_2温暖化の脅威を唱えて人類の富を費消させてきた「脱炭素化キャンペーン」は直ちに中止すべきであり、目前に迫っている寒冷化に備えるべしということになる。

4．人為的CO_2排出がもたらす気温上昇0・3～0・5℃は、来るべき寒冷化を緩和する、得難い役割を果たすものと期待される。

5．CO_2は地球上の生物にとって必要不可欠なものであり、大気中の濃度は高いほどよい。今後、生物生産性を高める（食糧を増産する）ためには、できれば化石燃料の消費を節約しながら大気中のCO_2濃度を増やす、新たな技術開発が必要になる。

6．これまでエネルギー問題はCO_2温暖化論によって気候変動問題と結びつけられていたが、今後は別々の問題として取り扱うことになる。エネルギー基本計画からは「カーボンニュートラルの実現」が外されてCO_2排出削減のための自動車のＥＶ化などは不要になり、化石燃料については未来のための炭素資源保存のみが主要な課題となる。

7．国連をはじめ各国の政府は、これまでの政策が環境至上主義に支配されるに至った経緯を反省し、科学的・理性的な判断ができる枠組みを再構築すべきである。

正しい科学の知識が、一日も早く、多くの人たちに届くことを願ってやまない。

付録1．太陽の成り立ち

太陽は天の川銀河と呼ばれる平たい渦巻き状の星の集団の外縁近くにある恒星であって、平面上を公転する8個の惑星と無数の小惑星に囲まれて太陽系を構成している。太陽の質量は地球の33万倍で、太陽系全体の99・9％を占めている。

太陽の主成分は水素で（質量比で水素92％、ヘリウム8％）、平均密度は約1・4とかなり小さい。温度は中心で1600万度、表面でも6000℃という高温なので、水素はすべてイオン化され（陽子と電子に分かれ）、流れやすいプラズマ状態になっている。太陽はこのように巨大なふにゃふにゃの塊なのだ。このプラズマの大小の流れ（電流）に伴って磁場が発生し、黒点が形成されることは既に述べた。太陽は約27日周期で自転しているが、自転速度は極よりも赤道の方が少し速い。太陽の内部構造は概ね**図5―2**のようなものと考えられている。最深部、半径比0・3位までのコアでは水素原子核4個からヘリウム原子核1個が作られる核融合反応が起こって熱が発生し、この熱が電磁波により放射層を通して外側の対流層（半径比0・7以上）に伝えられ、さらにプラズマ対流によって表面の光球（厚さ約500㎞）に運び出されて、そこから放出される。ただし、これは概念図であって、現在の太陽の科学はこのような内部構造や変動する磁場（や黒点）の詳細をプラズマの性質から理解できるレベルには達していない。

太陽表面からは水素のプラズマも放出されている。これが皆既日食のときに放射状に光って見えるコロナの実体で、それがさらに広がって流れていったものが太陽風である。

太陽の黒点付近ではときどき「フレア」と呼ばれる大噴出が起こり、そのとき放出された水素原子核（プロトン）が地球にやってきて、極域に集まって侵入する。これが太陽宇宙線である。ところが、これとは別に、1000倍も大きなエネルギーをもつ多数のプロトンが四方八方から飛び込んでくる。その数は地表で1㎡当たり毎秒2000個にも及ぶ膨大なものである。これは大昔から天の川銀河で起こった数多くの超新星爆発で放出されて宇宙空間を飛び回っていたプロトンであって「銀河宇宙線」と呼ばれる。ふつう「宇宙線」と言えば「銀河宇宙線」のことを指す。

ここで銀河宇宙線の振る舞いを説明しておこう。大気圏外からやってくる銀河宇宙線（プロトン）は運動するときに磁場から力を受けるので、まず天の川銀河内の磁場、次に太陽磁場、最後に地球磁場の影響を受けて、曲げられ、散乱されながら地上に到達する。太陽活動が活発なときには太陽磁場で強く散乱されるために、到達する量は少なくなる。こうして宇宙線強度は太陽活動についての情報を担うことになる。大気圏内に到達した宇宙線は上空で大気中の原子と衝突し核反応によって炭素やベリリウムの同位体（^{14}C、^{10}Be）を作り、中性子を放出するので、宇宙線強度を測定するにはそれらの反応生成物を測ればよい。

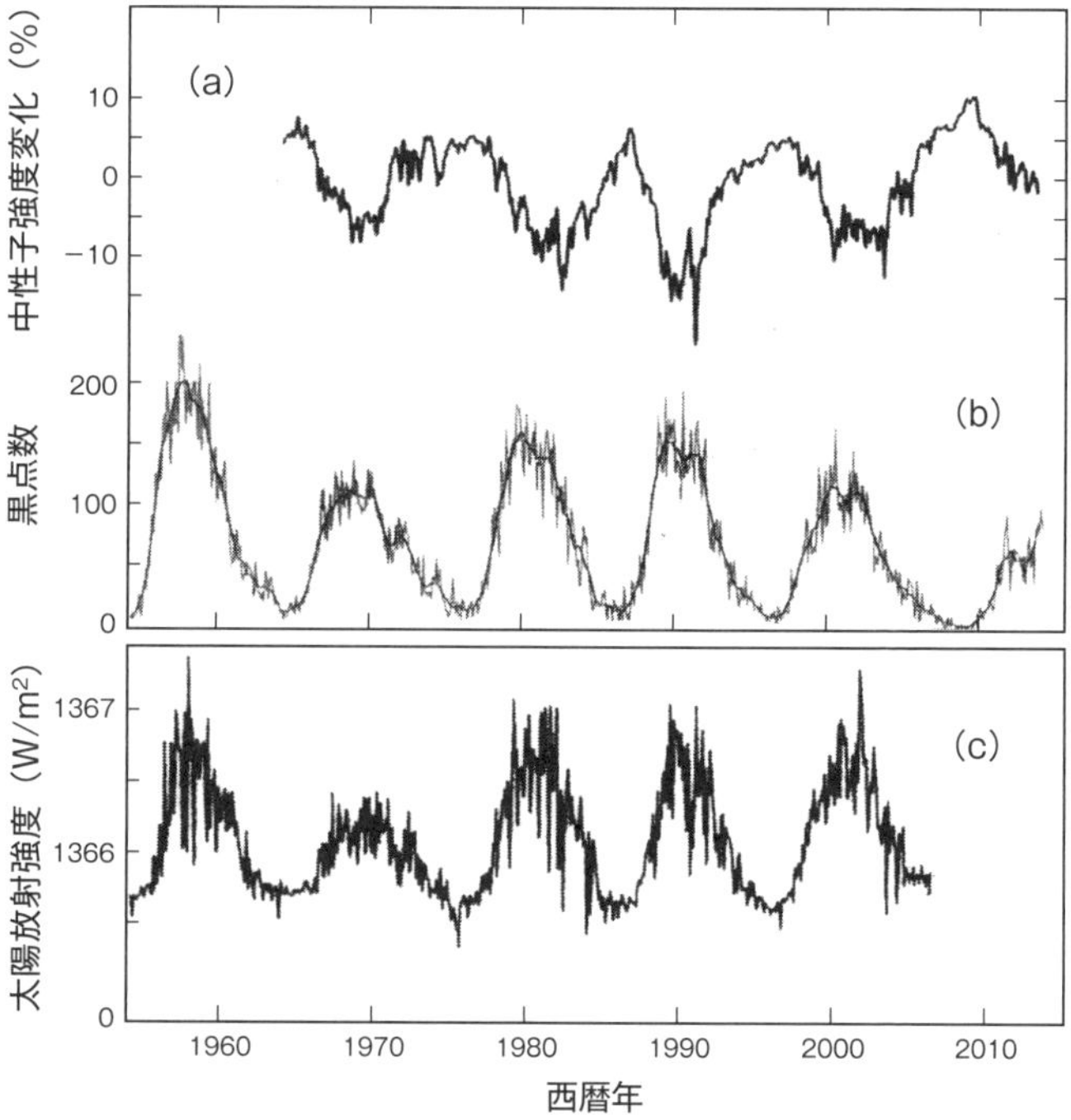

図付1　宇宙線強度、黒点数、太陽定数の経年変化
過去50年間の（a）宇宙線強度（中性子強度）、（b）黒点数と（c）太陽定数（太陽放射強度）の相関。太陽光の放射強度は「11年周期」で0.1%ほど変化するが、宇宙線に比べると、その変化は非常に小さい（モルゲンステルンら 2010）

1964年以後の中性子測定の結果を**図付1a**に示す。中性子強度は「11年周期」で変動しており、黒点数の極大（**図付1b**）が中性子強度の極小になっている。これは太陽活動が強まったために地球に到達する宇宙線強度が弱まったことによる。現在のサイクル（サイクル24）では、太陽活動が弱まったために中性子強度は前サイクルより20%あまり増えている。

図5－1に示した過去の宇宙線強度は南極やグリーンランドの氷床中に貯えられた^{10}Be同位体や樹木の年輪中に貯えられた^{14}Cから求めたものである。

ところで、気候を考えるときの直接の関心事は、黒点数や太陽磁場よりは太陽から受ける光や熱であろう。以前には、この熱量も黒点数と同様、太陽活動に伴って大きく変化すると考えられていたのだが、大気圏外での衛星測定が行われた結果、その変化は極めて小さくて「11年周期」の変化は0・1%に過ぎないことが分かった（**図付1c**）。中心部（コア）での核反応は外側の対流層の状態変化からは影響されない筈だから、これは当然のことである。

太陽は電磁波（光と熱）と荷電粒子（銀河宇宙線と太陽宇宙線）という2種類のメッセージをわれわれに送ってくれている。そのうち電磁波の強度はほとんど変わらないが、宇宙線強度は短期的にも長期的にも大きく変動して、太陽の状態変化を伝えている。IPCCは電磁波の強度の僅かな変化しか考えなかったために、太陽による気候変動への影響は極めて小さいとしてしまったのだが、実は宇宙線の強度変化が気候変化をもたらすことが認識されてきたのだ。

付録2. 温室効果とは何か

▼大気の保温効果

大気の保温効果には2種類の機構が働いている。対流誘起機構とH_2O、CO_2分子などによる温室効果である。

対流誘起機構は、地表で温められて軽くなった気塊（空気の塊）が周囲と熱のやり取りをせずに（断熱的に）上昇すると、体積が膨張すると同時に気温が下がるという性質にもとづくものである。気塊はあるところまで上昇すると重力で引き戻され、逆に断熱圧縮によって温められながら下降するようになる。このような対流は至る所で起こっていて、その結果、平均として地表近くには温かくて気圧の高い空気が、上空には冷たくて気圧の低い空気が溜まって、一定の分布をするようになる。このようにして決まる気温低下率は乾いた空気では9・5℃／kmと計算されるが、空気が多量の水蒸気を含むときにはかなり小さくて約6・5℃／kmになる。これは上空で断熱膨張に伴う冷却で水蒸気が水滴になるとき熱を放出するために気温低下が小さく抑えられるからである。実際に観測されるのはこの値に近く、湿潤断熱減率と呼ばれる。この現象は気象学で古くから研究されていて、ほぼ厳密な理解が得られている。

こうして作られる雲は、太陽光を反射することによる降温効果と地表からの赤外線を吸収することによる保温効果の両方をもつのだが、衛星観測によって正味では降温効果を持つことが確認された（**図2−1**）。

▼温室効果とは何か

これは空気中の微量成分H_2O、CO_2などが引き起こす効果である。それを説明するために、まず太陽光について説明しよう。

太陽光には波長の長いものから短いものまで（赤外線→可視光線→紫外線）いろいろな波長の光（電磁波）が含まれていて、そのスペクトルは可視光線のところに強度のピークがある。一方、宇宙空間に放出される電磁波も同様のスペクトルを持つのだが、そのピークは赤外線領域にある。ピークの位置は熱源の温度（太陽では約５８００K、地表は約３００K。Kは絶対温度：T（K）＝T（℃）＋273.15）で決まっている。

図付2はサハラ砂漠上空での衛星観測で得られた地表からの赤外線放射スペクトルである。理論値（破線）に比べて、いくつかの波長領域で観測値が小さくなっているのはCO_2、H_2Oなど（温室効果ガス）の分子が特定の波長の赤外線を吸収するためである。こうしてCO_2、H_2O分子に吸収されたエネルギーは周囲のN_2、O_2分子に与えられ、その結果、空気全体が温められることになる。これがCO_2、H_2Oなどがもたらす温室効果である。温室効果ガスには、この他にもCH_4（メタン）、O_3（オ

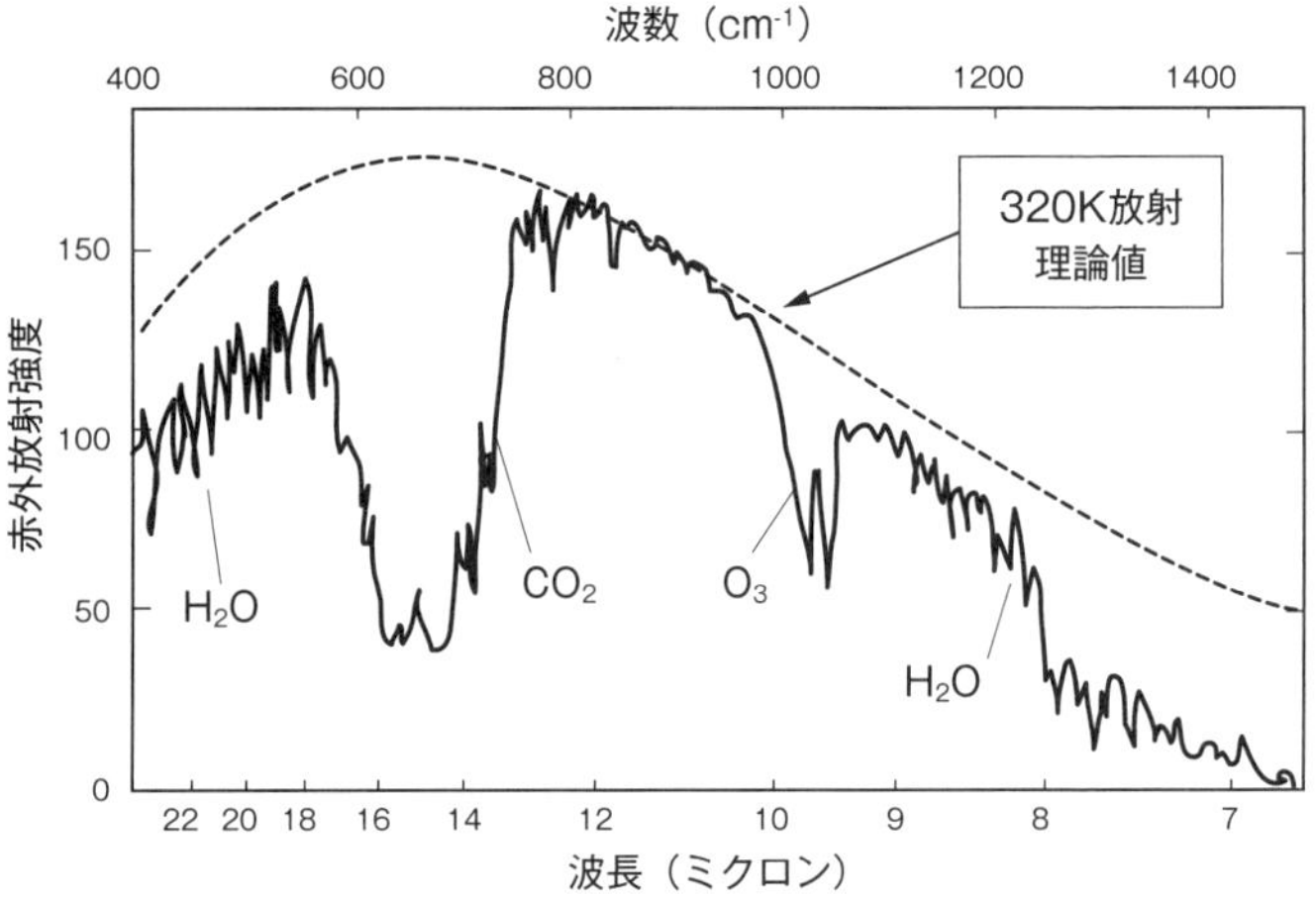

図付2　地表からの赤外線放射スペクトル

サハラ砂漠上空でニンバス4衛星によって観測された赤外線放射スペクトル。破線は地表（320 K）からの放射スペクトルの理論値。いくつかの波長領域では、大気中の H_2O、CO_2、O_3分子による赤外線の吸収が起こっている。

ゾン）、N_2O（1酸化2窒素）、フロンガスなど多くの種類がある。空気の主成分N_2、O_2は赤外線を吸収せず、温室効果をもたない。

温室効果ガスがもたらす気温上昇の中では、水蒸気の寄与が最も大きくて約60％、CO_2の寄与が約30％で、残りがメタン（CH_4）、1酸化2窒素（N_2O）、フロンなどによる。水蒸気の温室効果が大きいのに「地球温暖化」で問題にされないのは、その量が人間活動によって変化しないからである。

温室効果を定量的に扱うには2つの問題がある。飽和効果と吸収線の重なり効果である。

① 飽和効果：説明のために簡単な実験を考えよう。2枚の硝子板の間に水を満たし、黒イ

ンクを垂らしながら、透過してくる光の強さを測る。インク濃度が増すにつれて透過光は弱くなっていくが、濃度がある程度以上になると、濃度によらず透過光はほとんどなくなってしまう（全吸収される）。これが飽和効果である。

同様のことが地表から放射される赤外線についても起こる。**図付2**で波長8ミクロン以下と20ミクロン以上の赤外線強度が理論値（破線）に比べて小さくなっているのはH_2Oによる全吸収が起こっているためである。その間の波長ではH_2Oによる弱い吸収にCO_2による15ミクロンの吸収が重なっている。CO_2による吸収はかなり大きいが、まだ飽和していないので、濃度が増すと吸収は少しずつ大きくなる（比例して大きくはならない）。

序でだが、波長8〜12・5ミクロンの赤外線は吸収されずに宇宙空間に放出される。これは全赤外線エネルギーの約20％なので、地表から放射される赤外線エネルギーの80％は大気に吸収されていることになる。

② 吸収線の重なり効果

CO_2とH_2Oの吸収が重なっているところで何が起こっているかを調べよう。もし仮に空気の流れが全くなかったとすると、地表から放出された波長15ミクロンの赤外線は、まず多量に存在する水蒸気（H_2O）で吸収され、残ったものがCO_2によって吸収されることになる。水蒸気とCO_2による赤外吸収は地表近くで飽和してしまい、地表からの放熱は上空まで伝わらないことになってしまう。これは現実に合わない。実際には、吸収が対流による大気の移動・撹拌と絡み合って起こるので熱は上空まで運ばれることになる。H_2Oが多量に存在する大気中でCO_2がどれだけの赤外線を吸収するか、それによって気温の高さ分布がどうなるかを正しく知るのは至難の業なのである。

▼気候感度とは何か

次にこの複雑な過程を地球スケールで平均化して、温室効果の大きさを「気候感度」という1つのパラメータで表現することを考える。これ以後の記述は第3、5章に関わることなので、そこで改めて参照して欲しい。

太陽から大気圏に入った可視光のエネルギー（I）は、地球の大気・地表を経て、赤外線エネルギー（W）となって宇宙空間に放射される。エネルギーが入っただけ出て行くので定常状態が保たれ、大気上層温度 T_{TOA} も地表温度 T_S も一定に保たれる。放射されるエネルギーと大気上層温度の間にはシュテファン・ボルツマンの関係 $W = \sigma T_{TOA}^4$ が成り立っていて、$W = 235\ Wm^{-2}$とすれば $T_{TOA} = 255K$（-18℃）となる。これは約6㎞上空の気温に相当する。地表の平均温度は大気の保温効果によって約288K（15℃）となる。

ここで何らかの原因で入射エネルギーが変化したとすると、それに応じて放射エネルギーと大気上層温度が変化する。すなわち

$$\Delta I = \Delta W = 4\sigma T_{TOA}^{3}\,\Delta T_{TOA} = (4W/T_{TOA})\,\Delta T_{TOA}.$$

気候感度は、この変化に対する平均地表温度の変化の大きさを表すものとして定義される。

$$c = \Delta T_S/\Delta W = (T_{TOA}/4W)(\Delta T_S/\Delta T_{TOA}) = 0.27\,(\Delta T_S/\Delta T_{TOA})\ ℃/Wm^{-2}.$$

この式では、大気圏内で起こるすべての過程が$\Delta T_S/\Delta T_{TOA}$という量、すなわち大気上層の温度変化がどのように地表に伝達されるかで表現されている。

一見、簡単そうだが、実はさきに述べた大気の保温効果に関わる全ての問題がこの中に含まれているので一筋縄ではいかない。実際、これまでに行われた多くの理論計算の結果は大きくばらついていて、信頼できる値は得られていない（3・2節参照）。そこで、ここでは気候感度を観測から求める方法を述べる。

①ピナツボ火山の噴火による気温低下

火山の大噴火が起こると、火山灰中の微粒子がエアロゾルとして3週間ほどで成層圏に広がり太陽光を遮るので、地表温度が低下する。この気温低下はエアロゾルが沈降してなくなるにつれて小さくなり、数年後には消滅する。この過程の観測から入射エネルギー変化ΔIと地表温度変化ΔT_Sを求めれば、気候感度が得られることになる。オリィラ（2016）はフィリピン・ピナツボの噴火（1991．6．3～4）についての解析を行い、計算曲線を観測結果と合わせることによって気候感度$c = 0.27 \pm 0.03$℃/Wm^{-2}を得た（**図付3**）。これが気候感度を求める方法として最も簡明で曖昧さの少ないものである。こ

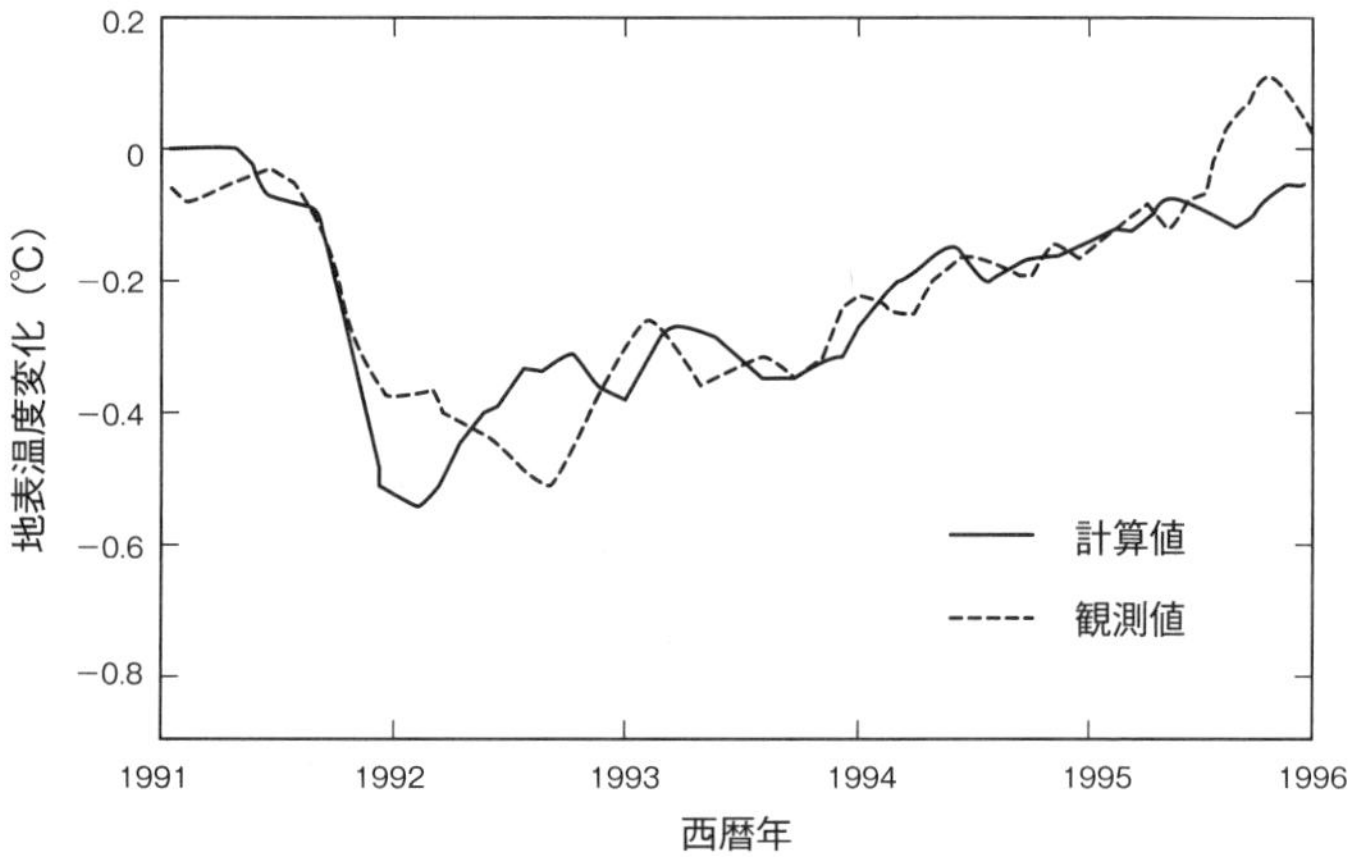

図付3　ピナツボ火山（フィリピン）の噴火による気温低下の観測値と計算値（オリィラ 2016）

計算値が観測値に合うように比例係数（気候感度）を決めた。エアロゾルによる太陽光の減衰を北半球の4カ所で測った結果の誤差は小さくて（12±1％）、気候感度はかなり精度よく求められた。

の結果（$\Delta T_S/\Delta T_{TOA}\approx 1$）は、地表の温度は大気上層より約33℃高いけれども、その変化分はほとんど同じであることを意味する。オリィラは別の２つの方法によっても気候感度を見積もっていて、c = 0.26, 0.32という値を得ている。これらはいずれもＩＰＣＣの報告値に比べてかなり小さい。

② 大気中のCO_2による温室効果

ここでは慣用に従って、大気中のCO_2分圧をp_0からpまで増加させるときの状態変化を、仮想的な入射エネルギー増加（放射強制力）によってもたらされたものとみなすことにする。よく使われるのはミーレの式（1998）：

$$\Delta I = 5.35\ \ell n\ (p/p_0)\ Wm^{-2}$$

である。これは湿潤大気中で濃度300〜1000ppmのCO_2に対して成り立つ近似式とされている。圧力依存性が比例関係より小さいのは、飽和効果が効いているためである。この式を使うとすれば、大気中のCO_2分圧の変化に伴う地表温度の変化を測定できれば気候感度が求まることになる。これは本書で採用した方法である。

気候感度としては2種類の数値が定義されている。入射エネルギーが変化した時点から、気候システムが新しい平衡状態に到達するまでには時間がかかるので、その間、気候感度は時間が経つにつれて大きくなる。ふつう、十分に(約100年)時間が経過したあとの値を平衡気候感度と呼び、レスポンス時間10年以下での値を過渡的気候感度という。これは平衡気候感度より小さい値をとる。現実には、入射エネルギーも変動するものであるから、気温変化は過渡的気候感度で表される変化を重ね合わせた(積分した)ものになり、平衡気候感度が問題になることはほとんどない。

気候感度の表現としてはCO_2濃度が2倍になったときの気温上昇$\Delta T_{CO2\times2}$で表すという慣用もある。すなわち

$$\Delta T_{CO2\times2} = c \times 5.35\,\ell n2 = 3.7c$$

である。しかし気候感度は、もともとCO_2とは無関係な概念なので、この慣用は望ましくない。

付録3. ノーベル物理学賞「複雑物理系の理解への画期的貢献」

真鍋淑郎氏がクラウス・ハッセルマン、ジョルジオ・パリージとともに2021年度ノーベル物理学賞を受賞したので、ここでその業績を簡単に紹介しておく。

真鍋は当時ようやく大規模計算が可能となったコンピュータを駆使して、その中に地球のモデル（大循環モデル）を構築し、地球の気候システムには氷河期と間氷期に相当する二つの安定状態があることや、1・7万年前の気候の急変が北米大陸の巨大湖の崩壊が引き起こした海流変化に起因することなど、地球規模の気候変動を理解するための重要な一歩を踏み出したのだ。その中でCO_2の温室効果は一つの例題であった。ただし、地球という複雑系を取り扱うには多くの単純化（近似）が必要なので、その信頼性におのずから限界があることは本文中で述べた通りである。贔屓の引き倒しをしてはいけない。

一方、共同受賞者ハッセルマンは、時間的・空間的に変化し続けている気象現象から長期にわたる気候変動を読み取るための確率統計論を構築し、そこから進んで、多くの原因が重なっているときに、その「重なった指紋」を区別して読み取る方法を開発したことが評価された（とノーベル委員会は述べている）。真鍋理論からおよそ10年後のことである。

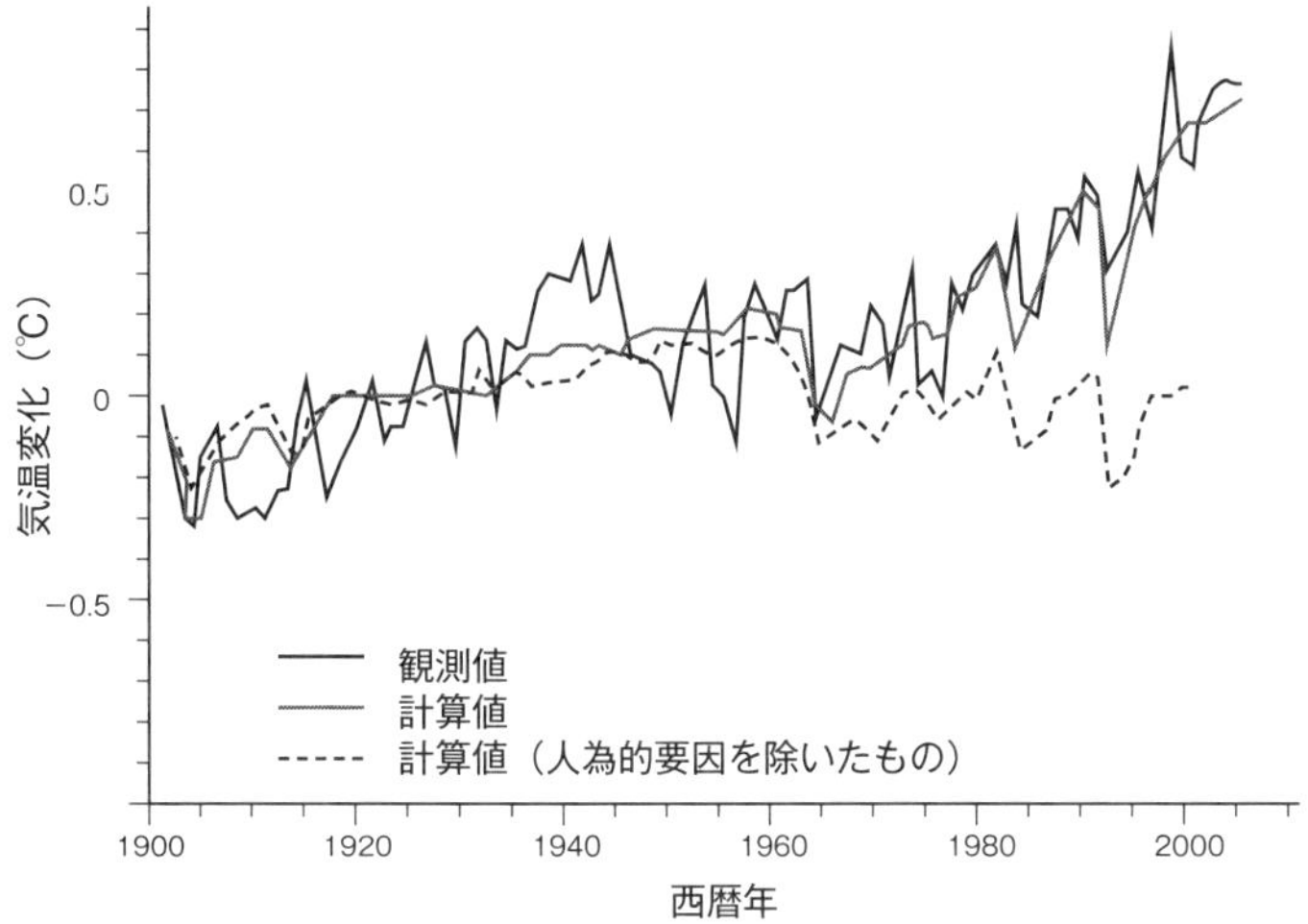

図付4　気候モデルによる地球の平均気温変化の計算と観測の比較
変動の人為的要因としては温室効果ガスの増加、自然要因としては太陽からの流入熱量変化と火山噴火によるエアロゾルが取り入れられている。このモデルでは、気温上昇はもっぱら人的要因によることになる（ヘガール・ツヴァイヤーズ 2011）。

図付4は、その一例としてノーベル委員会が一般向け解説に載せたものである。その説明には「ハッセルマンは気温上昇の自然要因と人為的要因（の指紋）を識別する方法を開発した」とある。この説明を読むと、気温の観測データをハッセルマンの方法で解析すれば、人為的要因と自然要因による分を識別できると思うかも知れないが、それは間違いである。実際にこの図の計算でやったことは、人為的要因と自然要因を仮定した計算の際に人為的要因を取り除いた計算も併せて行うことで、その結果の比較から自然要因の寄与を求めたに過ぎない。ハッセルマンが示したのは、ランダムな変動を含むいくつかの要因が重なっているときに、それぞれの特徴（指紋の型）が分かっていれば、それらを系統的に識別する有効な方法があるということであって、当然ながら、特徴の分からないものや、存在さえも分からない未知のものに対しては無力である。未知の要因を同定することなど、できはしない。この図をハッセルマン理論の成果として例示することは不適当なのである。

この図はハッセルマン理論の説明として不適当なだけではなく、「自然要因による気温変化は小さい」というメッセージを与えることも、とくに一般向け解説としては不適当である。この計算結果で自然要因による変化が小さく出ているのは、第5章に述べたような太陽活動の影響が取り入れられていないからであって、これは未知のものは扱えないというハッセルマン理論の限界を示しているに過ぎない。

なお、もう一人の受賞者パリージは気候科学とは全く異なる、統計物理学の根源的な問題に取り組んだ理論物理学者である。彼はスピングラス等々の無秩序・不安定な複雑系の統計力学を構築すると同時に、統計力学と量子場理論という物理学の2大分野を融合しようとする課題にも取り組んだ。これは本年度の物理学賞の核心をなすものとして誰も異存のない優れた業績なのだが、本書の主題から外れるので立ち入らない。

付録4．気候はどこまで計算で予測できるのか

将来の地球の気候は大規模計算によって予測ができ、その予測は科学の進歩によって確かなものになったとされている。そして国連は温暖化防止のためとして先進国に何100兆円もの負担を強いているのだ。だが、このキャンペーンに果たして確かな科学的根拠があるのかと問われると、極めて怪しいと言わざるを得ない。CO_2温暖化論にもとづく気温予測が30年にわたる計算法の改良努力と計算機の飛躍的な能力向上にもかかわらず全く進歩しない（バラツキが大きくて収束しない）のは、CO_2温暖化論の正否もさることながら、計算による気候予測じたいが無理なこと、無いものねだりなのではないかと考えさせられるのだ。

これは単なる推測ではなくて、永年にわたる気象予測（天気予報）の研究からの推論である。まずはそのことを説明しよう。かつて天気予報は現在までの天気図の経時変化を、専門家が「エイヤッ」とその後に外挿して天気を予測したのだが、1970年代後半からはコンピュータの進歩によって「数値予報」が実用化されるようになった。天気図（気象分布）の経時変化は熱・大気の流れや水の状態変化などを記述する一組の数式（連立微分方程式）で表現されるので、ある時点での観測値（初期条件）を与えてその後の変化（発展）をこの方程式の解として計算で求めようという訳だ。

ところが、数値予報研究のごく初期の頃に米国の気象学者エドワード・ローレンツは重大な発見を

した(ローレンツ 1963)。それは、たまたま気象予測の計算をやり直してみたら答えが再現しなかったことがきっかけだった。丹念に調べてみた結果、これは与えた初期条件の僅かな違いが、のちに大きな違いをもたらしたためと分った。そして、これが数式の性質によるものであることを突き止めて「多変数の非線形連立微分方程式は不安定解をもつ」と表現した。変数は3個以上、非線形とは異なる変数の積の形を含むことを意味する。ほぼ一定の条件から出発したものが、やがて一見でたらめな挙動をするようになるというこの性質は、「カオス」と呼ばれ、その後、多くの自然現象や社会現象に現れることが知られて大きな関心を集めるようになった。これはニュートン力学に代表される決定論的な自然観の見直しを迫る、重要な発見であった。

天気予報の話では、気象現象を表す式はまさに多変数の非線形連立微分方程式だから、気象現象はカオス性をもつことになる。その上、気象はいつも変動しているものなので、初期条件を厳密に決めることはできず(意味がなく)、ある程度、時間が経ったあとの予測は大きくバラついてしまうことになるのだ。

実際の計算例を**図付5**に示す。東日本のある地点、1500mの上空での気温の将来予測である。初期値に観測誤差程度のバラツキを上乗せして予測計算を繰り返すと、初期のバラツキはやがて大きく増幅されてしまう。このようにしてある場所(地域)の天気予報が可能なのはほぼ2週間以内に限られることが分かる。これは大気のカオス性にもとづく本質的な限界であって、観測精度の向上や計算

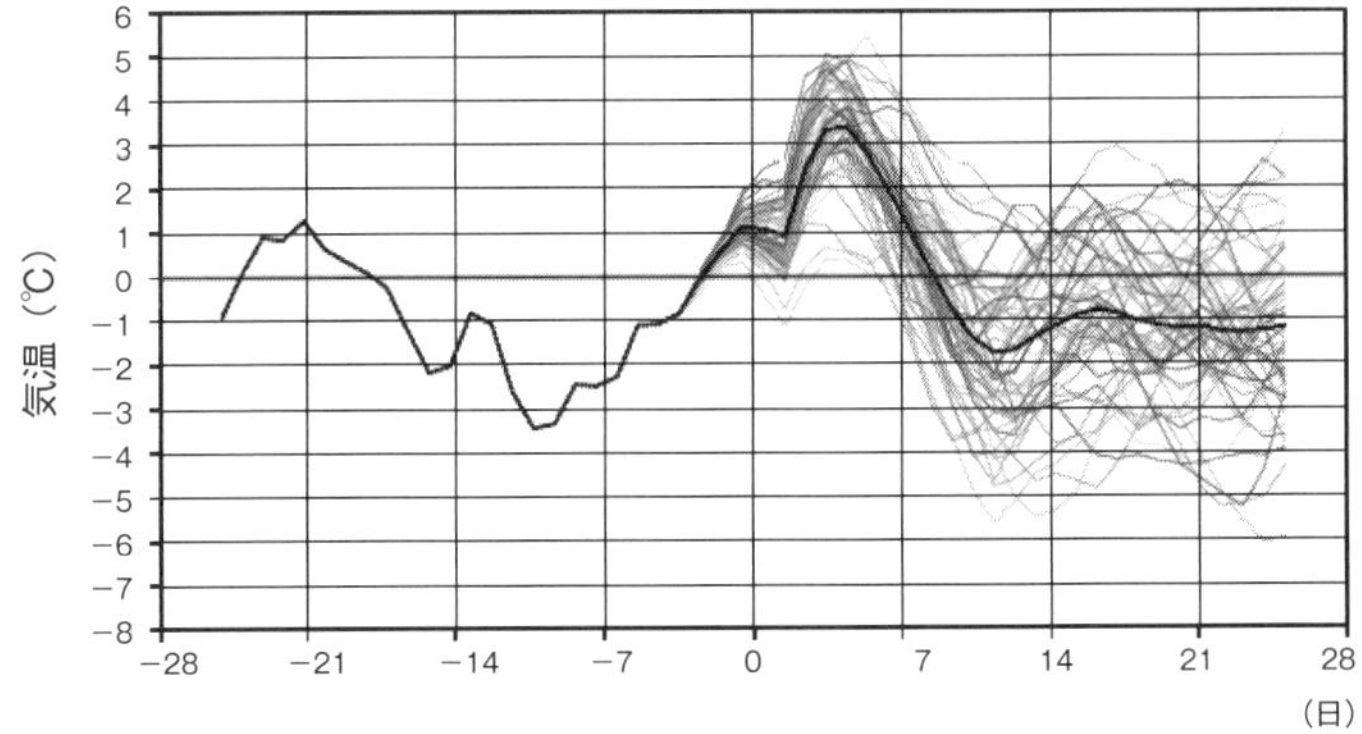

図付5　気温の数値予測の例

初期値に小さなバラツキを上乗せして計算を繰り返すと、バラツキは次第に増幅されて、2週間後にはほぼ予測不能になってしまう。これは気象のカオス性の表れである（気象庁ホームページ）。

法の改良によって救われるものではない。この初期値敏感性はローレンツが「ブラジルでの蝶の羽ばたきがテキサスで竜巻を起こす」と表現したことからバタフライ効果と呼ばれるようになった。

図中で決定論的な予測が破綻する2～3週間以後は、カオス性によってバラついた計算結果を平均して（アンサンブル平均）、それがどれほど確からしいかという確率予測をする他はない。バラツキ（カオス性）が小さければアンサンブル平均の実現確率が高く、カオス性が大きければ実現確率は低くなる。近年では、このような確率的なアンサンブル予想は台風の進路予想などに広く使われている。

気象現象がカオス性をもつことを前提として、これを克服する予報の試みがなされている。一般にカオス的変動に伴う大気の乱れは必ず摩擦や粘性などによって減衰するので、バラツキの大きさには限界がある。したがって予測不能なカオス的変動よりも長期にわたる大きな変動成分が同定されれば、カオス限界を超えた予測が可能になる。例えばエルニーニョ現象の場合、赤道海流との熱のやり取りで起こるという原因が同定されたことで、短期的な気象のカオス性を克服した数年先の予報が可能になった。

気象のカオス性については木本の著書（2017）に解説がある。

気候変動の場合にもカオス性は現れる筈である。気候予測では、対象の空間的・時間的な広がりだけでなく、その物理過程にも天気予報とは多くの違いがあるので単純な比較はできないが、両者とも多変数の非線形連立微分方程式で記述されるという基本的な数学的性質は同じなのでカオス性をもつことは間違いない。気候変動では、時間とともに変化する外部条件に追従して起こる変化を対象とするので、気象のカオス的性質とは違うとされているが、それでカオス性がなくなる訳ではない筈である。

気候のカオス性を示すと考えられるのが**図付6**である。これは各種の気候モデル計算を比較検討するために1995年から続けられているプロジェクトCMIPで得られた最新の結果（フェムケら2020）であって、1880〜1910年を共通の基準期間にとって、その後の気温変化を26種類のモデルで計算したものである。基準期間を過ぎた後に起こるバラツキは**図付5**とよく似ている。どれもほぼ同等に確からしいと考えられる計算値のアンサンブル平均は、気候の確率予測とみなしてよ

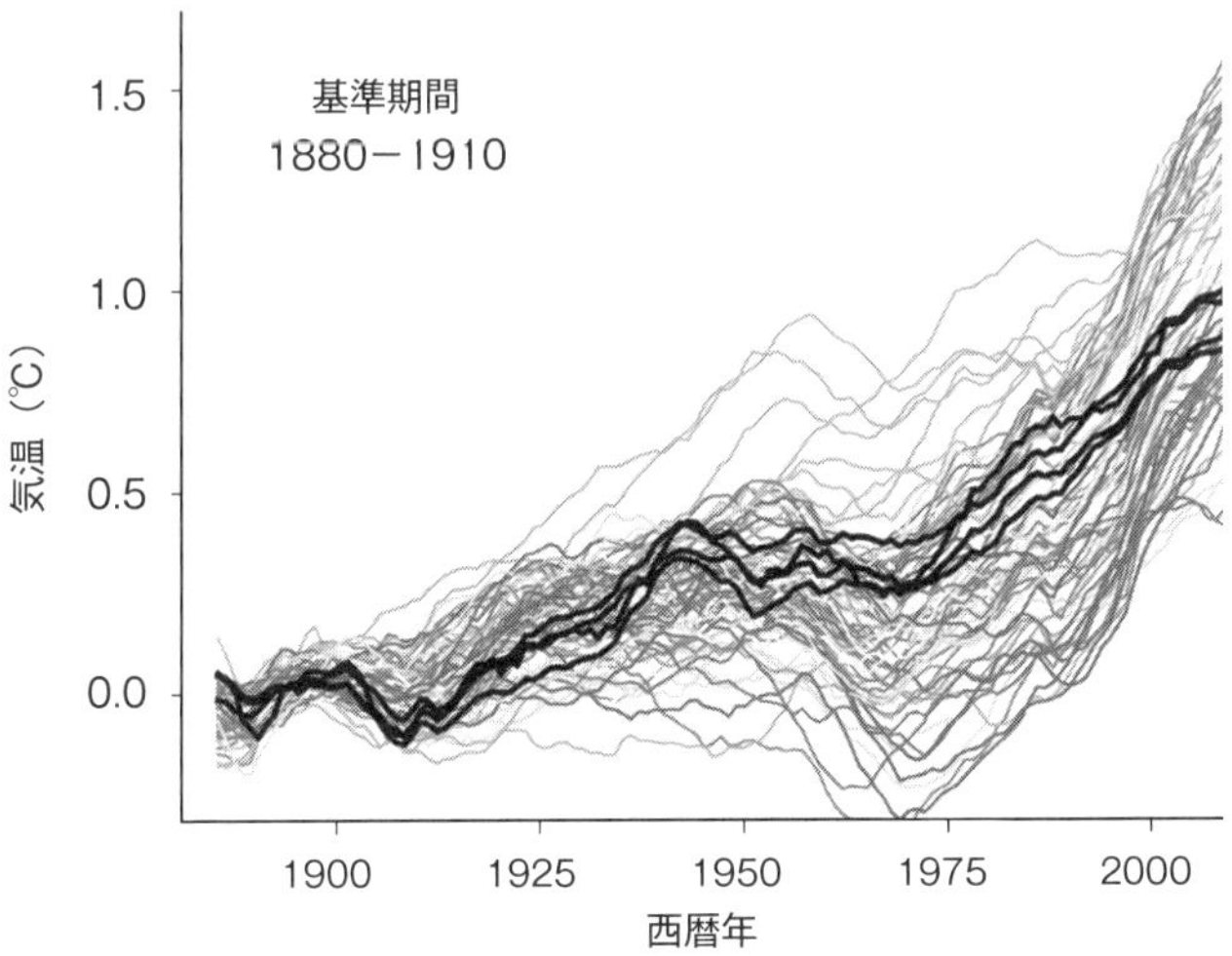

図付6　26種類のモデルによる地球平均気温の計算

1880〜1910年を基準として合わせた計算は、その後、大きくバラつくようになる。太線は3種類の観測値を示す（フェムケら 2020）。

いだろう。この計算結果のバラツキは計算法（モデル）が不完全なためではなくて（それもあるだろうが）、気候のカオス性による本質的なものと考えるべきではないか。気候の数値予測に携わっている人たちにとって、気候のカオス性に触れることはタブーなのかも知れないが、カオス性を無視して気候の数値予測に挑むのは永久機関の実現に挑み続けるようなものではないか。30年間も追及してきて全く進歩が見られないアプローチには、本質的な欠陥があるのではないかと疑わざるを得ない。

本書では、これに代わるアプローチとして、過去の気候変動を少数の要因による寄与の重ね合わせで表現することにした。このアプローチは現象論だが、過去1000

年間の気温変化はほぼ正しく再現でき、それに最近の太陽科学の情報を加えれば今後300年間の予測もできる。裏付けとなるべき物理過程を明らかにすることは今後の課題であるが、少なくとも現時点で有用な気候予測であることに異論はあるまい。

このアプローチで気候のカオス性の影響を回避できるのは、各要素によって生じる現象自体が、既に巨大なシステムについてのアンサンブル平均すなわち最も起こりやすい過程として自然によって選び取られたものであるためと考えることができる。1個のモデル計算のためにスーパーコンピュータを数カ月間フル稼働しなくてはならないようでは、カオス性を克服できるほど確度の高いアンサンブル平均を求めることは、実際上できない。巨象の一部を撫で回しているようなものだ。世上に行われている地球温暖化の科学は根本的な見直しが求められているのではないか。

本書の出版に際して寄せられた紹介文

本書の出版に際して柴田一成氏（京都大学名誉教授）と丸山茂徳氏（東京工業大学名誉教授）からお寄せいただいた紹介文を載せておく。文末に挙げてある著書を併せてお読みいただくと、関連する科学（太陽の科学と地質学を中心とする地球科学）の中での現時点での本書の位置づけが理解されるであろう。

「太陽の科学の立場から」

柴田一成（京都大学名誉教授）

深井有博士のご著書「気候変動とエネルギー問題」（2011年、中公新書）を読んだときは、大きな感銘を受けた。金属物理学がご専門で、気象学に関しては門外漢であるにもかかわらず（いや、むしろ、だからこそなのかもしれないが）、物理学に基づいたその冷静な論理的な語り口は説得力があった。その深井博士が、温暖化問題に対して一向に改善されない世の中の風潮を憂えて、「地球はもう温暖化していない」（2015年、平凡社新書）を上梓され、それでも変化のない日本社会にさらなる一石を投じられたのが本書である。

私は、深井博士と同じように気象学に関しては全くの素人である。しかし太陽物理学を専門としてきたので、20年ほど前から多くのメディアの取材を受けるようになり、地球温暖化問題を考えざるを得ない状況にあった。友人・知人の地球物理学者・地質学者・太陽物理学者の人たち、とりわけ私が尊敬する世界的な研究者たちと話をすると、「地球温暖化問題はサイエンスとしてまだ答えが出ていない」、というのが一致した意見だった。であるのに、「地球温暖化問題は人為的 CO_2 起源説で確立」、という報道がされない日はない。これはいったいどうなっているのか？

私を取材した若い新聞記者に、太陽黒点が少なくなると地球は寒くなり、多くなると温暖化する、というのが経験則ですよ、というと、「デスクから地球温暖化に絡めた記事は書かないように言われています」という返事が返ってきて驚いたことがある。それも一社だけでなく大手の新聞社はみな似たりよったりだった。メディアにも言論統制がなされている。政治的な圧力なのか自発的な忖度なのか。本書にもでてきたスヴェンスマーク効果の論文が発表されたとき、彼に個人的な誹謗・中傷がなされ、公的な研究資金も出なくなったという。太陽風の理論的予言などの業績で京都賞を受賞された故パーカー博士は、そのような苦境にある彼の研究を高く評価し、彼の一般向け著書に感動的な推薦文を寄せられた（スヴェンスマーク－コールダー著、青山洋訳「不機嫌な太陽」、2010年）。そう言えば、パーカー博士の論文出版にまつわる自伝的エッセイには、以下の文章が書かれていた：「2つの重要な科学誌の編集者が、宇宙論や地球温暖化のような課題に対して、あたかも神になったかのように、（答えが明らかになる前に）結論を急いでしまった。彼らは同じ意見のレフェリーのリストを作ったのである（パーカー、天文月報、1998年8月号、p370）。」

このエッセイが出た当時、文章の真意がわからなかったが、今では良くわかる。一方、つい先日、「スヴェンスマーク論文は地球温暖化CO_2説を否定しようという陰謀論の一種であってサイエンスではない」、と公言する国内の大学の先生に出会って、ひっくり返ってしまった。日本そして世界の教育・科学の状況は大丈夫だろうか？

そんな逆境の中でも優れた研究を進めている宇宙気候分野の研究者が日本国内にも少数ながらいる。本書でも紹介されている宮原ひろ子博士である。彼女の進めている研究（宇宙線と地球の気象との関連やスヴェンスマーク効果の検証）は重要である。地球の平均気温に22年周期成分があるという宮原博士の発見は、宇宙線が地球の気温に影響を与えている証拠と言え、スヴェンスマーク効果を間接的にサポートする結果である。

本書の第5章には太陽活動の長期変動に関する最近の興味深い研究が数多く紹介されている。私は太陽物理学者とは言っても、太陽フレアなどのプラズマ電磁流体力学の研究者であるので、長期の太陽活動変動の予測の妥当性については評価できないが、以下の基本事項は述べておこう。すなわち、本書に紹介されている太陽活動の今後の予測は、大きな仮定・簡単化をして得られた結果に基づいているので、最終的な答えとは言えないだろう。そもそも、11年周期どころか、単純な黒点の形成という問題ですら理論的には未解決なのである。黒点形成の問題は非線形電磁流体力学方程式に基づいており、最新のスーパーコンピュータを使っても解けない難問なのだ。ついでに言えば、地球温暖化問題も非線形流体力学の問題なので同レベルの難問である。私は長年太陽フレアの非線形電磁流体シミュレーションをしていたから、その原理的な難しさは良くわかる。ただしフレアの問題の方が黒点形成や地球温暖化問題より、ずっと簡単である。時間スケールが短いからだ。

太陽黒点の問題は簡単には答えが出ない難問であるということを理解した上で、第5章で紹介されている最新の研究を学ぶのは大変興味深いものである。半経験的な近似モデルや最新の観測事実の積み重ねから、難問の答えのヒントが少しずつ見つかりつつあるという印象を受けた。太陽物理学が専門の私にも大変勉強になった。深井博士は良くぞここまで調べあげられたと思う。

「長期的な太陽活動が地球気候変動にどのような影響を及ぼすか」という問題は、超難問中の難問、未解決の大問題である。だからこそ、本書を読んだ多くの若者たちが、世の中の風潮に惑わされず、将来、この分野の研究にぜひチャレンジしてほしいと思う。

●略歴　柴田一成（しばたかずなり）
1954年生まれ。京都大学理学部卒業、大学院宇宙物理学専攻、理学博士。太陽・宇宙におけるプラズマ物理学の研究。京都大学附属花山天文台長、宇宙ユニット長、日本天文学会長を歴任し、現在は京都大学名誉教授、同志社大学特別客員教授、花山宇宙文化財団理事長。
太陽・宇宙におけるプラズマとくにジェット・フレアの研究に対して日本天文学会より林忠四郎賞、アジア太平洋物理学連合よりチャンドラセカール賞、アメリカ天文学会よりヘール賞を受賞。著書には「太陽の科学」（NHK出版2010）、「総説宇宙天気」（京都大学術出版会2011共著）、「太陽大異変」（朝日新書2013）、「宇宙電磁流体力学の基礎——宇宙物理学の基礎」（日本評論社2023共著）など多数。

「地質学を中核とする俯瞰的な科学の立場から」

丸山茂徳（東京工業大学名誉教授）

最近TV、新聞、雑誌やネットニュースに「驚くべきニュース」という言葉が流行している。この言葉に慣れてしまった大衆は、もはや誰も驚いているように見えない。そこに深井有の新著「太陽の科学が予告する2040年寒冷化—脱炭素キャンペーンの根拠を問う」が現れた。世にはびこるCO_2温暖化とは全く違うのだが、果たしてどれだけの読者がこれを読んで驚くだろうか？

IPCC（国連傘下の気候変動に関する政府間パネル）によると、気候変動の研究は収束した（完全にわかった）、今後は来るべき時刻までにどれだけ大気中CO_2を減少させるかが課題であるという。地球は既に金星化（表層気温が460℃）への臨界点（CO_2濃度400ppm）を越えようとしていて、その運命（全生物の絶滅）は避けられないという。これは疑いようがなく、人類が死に絶える恐怖のカウントダウンが始まったというのだ。

ところが、深井有は、これは間違いで、CO_2濃度とは無関係に2040年頃に地球は寒冷化に突入するという。どちらが正しいのか？　IPCCのどこが間違っているのか？　かねてより地質学を中心に地球温暖化人為起源CO_2説に異議を唱えてきた丸山は、深井とは異なる視点からほぼ同じ結論に到達していた。ここではその考察の概要を述べておくことにする。

まずIPCCグループの所業をまとめておこう。彼らは、過去2000年間の気温変化を中緯度に生えていた木材の年輪幅の変化から読み取って（古気候学、地質学の一部）特殊な統計処理を施すことにより、気温の変動には大きな地域差があるけれども、これを平均すると地球平均気温は近年CO_2が増え始めるまでほぼ一定で、その後に急上昇したと結論した。また第4次報告までは雲量が温室効果化ガス（主にCO_2）とほぼ同程度の寄与をするとしてきたのだが、雲についての一部のデータに基づいて雲の効果は無視できるほど小さいとした。こうしてCO_2だけが平均気温上昇をもたらす変数であると見なすことで、計算機による未来予測を可能にしたのだ。これは捏造科学あるいは串刺し科学（都合のよいデータだけを串刺しして論理を展開する）と言うべきものであり、ここからIPCCは暴走をし始めたのだ。この計算の一つの重要な結論は、平均気温上昇に伴う海水準変動が実際より数倍近く大きくなることである。そこでIPCCは「近未来に世界の主要都市は全部水没する」と予言したのだ。

本稿では海水準が地球平均気温のよい指標であることに着目して、海水温と海水準の古い記録を調べることでＩＰＣＣの計算に基づく主張が誤りであることを示す。まず過去３０００年にわたるサルガッソウ海（大西洋中央部）の表面水温記録を調べよう。海洋底掘削試料の解析によれば、中世温暖期の地球平均気温は現在より約２℃高く、１８００年頃の小氷期には約２℃低かったことが分かる。これは産業革命以前に地球平均気温がほぼ一定だったとするＩＰＣＣの主張を否定するものである。CO_2が地球平均気温を決める唯一の要因であるという主張は、CO_2濃度がほぼ一定と見られる産業革命以前に大きな気温変化があったことで否定されたのだ。（サルガッソウ海は北緯20〜30度にある径３０００kmの海域で、中緯度なので水温は地球平均気温に近い。海洋底の有孔虫殻の酸素同位体から50年間隔・３０００年にわたって求められた結果は、地球平均気温変化の標準とされている。）

一方、海水準については、海はすべてつながっていて地域性がないため、ある場所での記録から過去の地球の海水準を知ることができる。そこで日本の資料（土佐日記、源平盛衰記、吾妻鏡など）を使うと、中世温暖期の海面は現在より約４ｍ高く、江戸時代中期には約４ｍ低かったことなどが分かる。これに対応する時期のサルガッソウ海の表面水温は+2℃と-2℃であった。このような考察によって海水準と地球平均気温はほぼ１：１に対応することが分かったのだ。

そこで改めて最近のデータを見ると、戦後の海水準も戦前と同様２〜３㎜／年の割合で直線的に上昇していて、CO_2濃度増加に伴う急速な変化は認められない。今後にＩＰＣＣが主張するような急激な平均気温上昇が起こるとは考えられないのだ。

歴史を遡れば、260万年前（第四紀・間氷期）の海水準は現在より200m高く、逆に氷河期には現在より200m低かったという記録が残っている。更に古い世界的大海進の時代（白亜紀）の海水準と平均気温は更に高くて南極大陸と北極の小島（エルズミア島）に大森林と恐竜の化石が残っている一方で、地球全体が氷床で覆われた時代（全球凍結：28～25億年前と8～5億年前）もあった。このように、地球史を通じてたびたび酷寒酷暑の変動を被ったにも拘わらず地球の生態系が滅んだことはなく、その試練の時代の直後にむしろ大進化を遂げてきたのである。この歴史を踏まえれば、人為的なCO_2増加による地球金星化などあり得ないことになる。産業革命による化石燃料起源のCO_2の約90％は、世界人口が15億人から80億人へと爆発的にふえた人類の食糧に化けた。大気に残留した残り10％程度が地球金星化をもたらすというのは土台、無理な話だろう。

以上の事実は、地球惑星科学の約50の専門学会からもたらされた莫大なデータに基づく常識であるが、そのことを日本学術会議や総合科学技術会議、或いは世界科学者会議から誰も国連に発信できていないのはどうしたものだろう？　これこそ驚愕すべきニュースなのではないか？

実は、これは現代の学問が抱える重大な問題に根ざしているのだ。要素還元主義の科学によって、専門分野ごとに大きな成果が得られた時代は1970～1990年頃に終わり、以降、専門学会は蛸壺化して、専門にまたがる学際分野の問題については提言さえもできない状態に堕してしまった。その結果として、国連が科学の質を決めたり、マスコミが中立どころか政治的に振舞う事態になってしまったのだ。地球温暖化問題はその一例に過ぎない。今われわれに求められていること、それは俯瞰的な科学の視点に立って学際的問題に提言する力を取り戻すことなのだ。科学者の一人として、そのことを痛感させられている。

●略歴　丸山茂徳（まるやましげのり）

1949年生まれ。地球と生命の起源と進化の研究。地球マントルの対流運動に関する「プルームテクトニクス」理論を打ち立てたことによって日本地質学会賞と紫綬褒章を受章し、米国地質学会名誉フェローに選出された。著書には「生命と地球の歴史」（岩波新書1998、共著）、「今そこに迫る地球寒冷化・人類の危機」（KKベストセラーズ2009）、「21世紀地球寒冷化と国際変動予測」（東信堂2015）、「最新　地球と生命の誕生と進化」（清水書院2020）、「地球温暖化「CO_2犯人説」の大嘘」（宝島社新書2023共著）など多数。

あとがき

今から70年前、私は東大物理学科で地球物理学専攻の学生だった。だが4年次になって受けた老大家たちの講義に失望して、大学院では目覚ましく発展しつつあった物性物理学（物質の科学）に転向してしまった。（これは衛星観測などによるその後の地球惑星科学の発展を予見できなかったための判断ミスだったかも知れない。）

こうして私は地球科学から離れてしまったのだが、地球物理学教室での演習のいくつかは今でも鮮明に覚えている。夏の暑い日に大きな天気図を広げて中央気象台（当時）の毛利さんと有住さん（お二人とも後に気象庁長官になられた）から指導を受けたこと、助手の駒林さんの指導による雲形成の実験で見たキラリと光る氷晶核、助手の秋本さんによる「ノミキン磁石」を使った岩石磁気測定等々である。これらは地球科学研究の幼児体験として私の身体に染みついている。

転機は25年後に訪れた。金属中水素の物性と材料科学研究の過程で高圧力下での性質を知りたいと思い立ち、東大物性研究所で高圧下の岩石物性の研究を進めておられた秋本さん（秋本俊一教授）の協力を求めに行ったのが思いがけない展開となったのだ。高圧下の鉄中に多量の水素が溶け込むことを見出して秋本さんに報告したところ「それは大変だ。地球のコア（中心核）にもたくさん入っているかも知れないぞ」と応じられ、「深井君、今なら君にも地球物理の第1級の論文が書けるよ」と励まされた（おだてられた）のだ。こうして私は2〜3年間、実験に没頭し、やがて金属鉄と含水鉱物を含む始原物質から原始地球が形成されるシナリオを描き出すことができるまでになった。実は、このときに熱くなっていたのは私だけではなかった。当時すでに半ば博物館的存在になっていたテトラヘドラルプレス（大型加圧装置）を使って秋本さんが朝早くから実験を始めたのを見て、大先生のこのような姿を久しく（かつて）見たことのなかった若い人たちは一体どうしたことかと目を瞠っていたのである。「やっぱり一ばん面白いところは自分でやらなくちゃ」というのがその時の秋本さんの弁だった。のちにこの頃を振り返っての私の文章には「このように、もう一度、秋本さんの情熱をかき立てて、その情熱を共有することができたのは、爾来、私のひそかな誇りなのである」と書かれている。

イギリスの科学論文誌ネイチュアに発表した1984年の論文「鉄—水反応と地球の進化」は広く読まれて、それまで手が届かないと考えられていた地球中心核への取り組みが始められ、私もいくつかの国際会議に招かれて講演をしたり、鳥取県三朝の地球内部研究センターの客員教授を勤めるなど、いろいろな形で関わりをもつことになった。

地球科学の人達には、私のようなはぐれ者を温かく迎え入れて、素人の話に傾聴し真剣に討論をしてもらった。その精神構造の柔軟さ（貪欲さ）はまさに開けようとしている学問に携わる人だけが持ち得るものだったのだろう。私は何か珍しいものに触れたような嬉しさを覚えたものである。その後、私は金属—水素系の研究という本業に戻ったが、地球科学の人達との温かい交友関係は今でも続いている。

ところが地球の科学は、その後、思わぬ災厄に見舞われることになった。温暖化防止キャンペーンの出現である。本文で述べたように、これは科学に無縁な人たちが企てたもので、気候変動が最近100年間の傾向ですべて理解できるとする、地球科学の常識からかけ離れた荒唐無稽なものなのだが、世界の政治・経済を巻き込んで広がってしまった。

このキャンペーンに一群の「一流」気候科学者が関わっていたのは見過すことができない。2009年にクライメートゲート事件で暴露された仲間うちのメールで彼らが嬉々としてその役割を演じていたことを知ったとき、心寒くなったものだ。平素、木の年輪から昔の気候を読み取るという地味な作業に携わっていた人達は、俄かに世界の政治を動かす力を与えられたとき、その快感に酔いしれて科学者の良心を売り渡してしまったのだろう。

だが、当然のこと、多くの地球科学者はこのキャンペーンに批判的だった。2008年に幕張メッセで開かれた地球惑星科学連合会での（非公式の）アンケート調査によると、「21世紀には温暖化が進む」と主張する者は約1割で、「21世紀は寒冷化の時代である」と予測する者が約2割、残り7割は「わからない」と答えていたのだ。

それでも、クライメートゲート事件やＩＰＣＣの運営に関する数々の不祥事にも拘わらず、このキャンペーンはしぶとく生き残り、年を追うごとに力を増して、もはや後戻りができない状態になってしまった。研究が職業になっている現在、キャンペーンを批判する研究者に生きる道はない。口を噤んで面従腹背するか、或いは宗旨替えしてキャンペーンに参加するしかない。その締め付けに堪えられるのは、「地球温暖化ムラ」に属さない分野たとえば太陽科学の研究者か、私のような年寄り（年金生活者）しか居ないのだ。温暖化防止キャンペーンを声高に叫ぶ温暖化ムラの人達やマスコミを無条件に信じてはいけない。

地球科学の眼を持たないこのような人達の戯言によって、まっとうな科学が圧し潰されてしまったことが残念でならない。このようなエセ科学はいつまでも続く訳はなく、やがて自然そのものによって手痛いしっぺ返しを受けるに違いない。まっとうな地球惑星科学は、近い将来に寒冷化が訪れることを予告しているのだ。この本が、多くの人達を世紀の欺瞞から解放する助けとなることを願って止まない。

この本は、私が地球科学について発言する最後の機会となるだろう。この機会に、私を快く受け容れてくれた地球科学の人達に感謝したい。なかでも、私にとって、秋本さんは学士院会員・秋本俊一教授としてよりは、いつでも話し相手になってもらえる、頼り甲斐のある兄貴分のような存在だった。ご存命であれば、誰よりも先にこの本を読んでもらいたかったのに残念だ。限りない感謝を込めて、改めてご冥福を祈りたい。

柴田一成・丸山茂徳の両氏がそれぞれの立場からお書きいただいた紹介文は、この本の輪郭を描き出すのに役立つに違いない。また、中央大学・杉本秀彦氏には、太陽活動がもたらす気候変動の計算について協力をいただいた。心から御礼申し上げたい。

なお、本書は前著「地球はもう温暖化していない」（平凡社新書）を全面的に更新したものであるが、過去の経緯については前著から再録した部分があることを記しておきたい。

最後に、学術研究出版社で編集にご尽力いただいた黒田貴子さんに御礼申し上げる。

２０２４年４月

深井　有

models and associated external forcings", *Journal of Geophysical Research* **115**, D00M02

◎オリィラ 2016▶ A. Ollila, "Climate sensitivity parameter in the test of the Mt. Pinatubo eruption", *Physical Science International Journal*, 9, 1

◎ミーレら 1998▶G. Myhre et al. "New estimates of radiative forcing due to well mixed greenhouse gases" *Geophysical Research Letters*, **25**, 2715

◎ヘガール・ツヴァイヤーズ 2011▶G. Hegerl, F. Zweirs, "Use of models in detection and attribution of climate change", *WIRES Climate Change* **2**, 570

◎ローレンツ 1963▶ E. N. Lorenz, "Deterministic nonperiodic flow", *Journal of the Atmospheric Sciences* **20**, 130

◎木本 2017▶木本昌秀『異常気象の考え方』、朝倉書店

◎フェムケら 2020▶ J. M. Femke, M. Nijsse, P. M. Cox, M. S. Williamson, "Emergent constraints on transient climate response (TCR) and equilibrium climate sensitivity (ECS) from historical warming in CMIP5 and CMIP6 models", *Earth system dynamics* **11**, 737

7．脱炭素キャンペーンに未来はあるか

◎杉山 2021b ▶杉山大志『脱炭素のファクトフルネス』、アマゾン
◎三好 2015▶三好範英『ドイツリスク――夢見る政治が引き起こす混乱』、光文社新書
◎朝野・杉山 2010▶朝野賢司・杉山大志「3兆円の地球温暖化対策予算の費用対効果を問う」電力中研社会経済研究所ディスカッションペーパー (http://criepi/denken/or.jp/jp/serc/discussion/index/html
◎杉山 2021a ▶杉山大志『脱炭素は嘘だらけ』、産経新聞出版
◎杉山 2021c ▶杉山大志『地球温暖化問題の論考』、アマゾン
◎有馬 2015▶有馬純『地球温暖化交渉の真実』、中央公論新社
◎有馬 2016▶有馬純『精神論抜きの地球温暖化対策――パリ協定とその後』、エネルギーフォーラム
◎有馬 2021▶有馬純『亡国の環境原理主義』、エネルギーフォーラム

8．これからの世界に生きるために

◎鈴木 2013▶鈴木宣弘『食の戦争』、文春新書
◎鈴木 2021▶鈴木宣弘『農業消滅』、平凡社新書
◎山田 2019▶山田正彦『売り渡される食の安全』、角川新書
◎渡辺 2010▶渡辺信編『新しいエネルギー――藻類バイオマス』、みみずく舎
◎深井 2015▶深井有『地球はもう温暖化していない』、平凡社新書
◎渡辺 2017▶渡辺信「藻類エネルギー研究開発の新展開」, *Microbiological Resource System*, 33, 47.
◎中原ら 2021▶中原剣ら『これからの藻類ビジネス』、株式会社ちとせ研究所
◎有馬 2021▶有馬純『亡国の環境原理主義』、エネルギーフォーラム
◎杉山 2021a ▶杉山大志『脱炭素は嘘だらけ』、産経新聞出版

付録

◎モルゲンステルンら 2010▶ O. Morgenstern et al., “Review of the formulation of present-generation stratospheric chemistry-climate

◎ベルグレンら 2009▶A. M. Berggren et al., "A 600-year annual ^{10}Be record from the NGRIP ice core, Greenland", *Geophysical Research Letters* 36, L11801
◎丸山 2009▶丸山茂徳『地球寒冷化——人類の危機』、KKベストセラーズ
◎丸山ら 2020▶丸山茂徳ら『地球温暖化〝CO_2犯人説〟は世紀の大ウソ』、宝島社
◎桜井 2010a▶桜井邦朋『眠りにつく太陽——地球は寒冷化する』、祥伝社新書
◎桜井 2010b▶桜井邦朋『移り気な太陽——太陽活動と地球環境の関係』、恒星社厚生閣
◎柴田 2010▶柴田一成『太陽の科学』、NHKブックス
◎柴田 2013▶柴田一成『太陽大異変』、朝日新書
◎常田 2013▶常田佐久『太陽で何が起こっているか』、文春新書
◎宮原 2014▶宮原ひろ子『地球の変動はどこまで宇宙で解明できるか』DOJIN選書
◎上出 2011▶上出洋介『太陽と地球の不思議な関係』、講談社ブルーバックス

6．政治化された地球温暖化——その経緯をたどる

◎有馬 2015▶有馬純『地球温暖化交渉の真実』、中央公論新社
◎有馬 2016▶有馬純『精神論抜きの地球温暖化対策——パリ協定とその後』、エネルギーフォーラム
◎有馬 2021▶有馬純『亡国の環境原理主義』、エネルギーフォーラム
◎石井 2004▶石井孝明『京都議定書は実現できるのか』、平凡社新書
◎伊藤、渡辺 2008▶伊藤公紀、渡辺正『地球温暖化のウソとワナ』、Kベストセラーズ
◎渡辺 2012▶渡辺正『地球温暖化神話——終わりの始まり』、丸善出版
◎IPCC 第1〜6次報告書。インターネットでipcc report ar1〜6を検索すれば必要部分をdownloadすることができる。
◎杉山 2021a▶杉山大志『脱炭素は嘘だらけ』、産経新聞出版

◎ヴェレテネンコ、オグルツォフ 2020▶ S. Veretenenko, M. Ogurtsov, "Influence of solar-geophysical factors on the state of the stratospheric polar vortex", *Geomagnetism and Aeronomy* **60**, 974.

◎スカフェッタ 2010▶ N. Scafetta, "Empirical evidence for a celestrial origin of the climate oscillation and its implications", *Journal of Atmospheric and Solar-Terrestrial Physics* **72**, 951

◎リーモン 2021▶ R. J. Leamon et al., "Termination of solar cycles and correlated tropospheric variability", *Earth and Space Science* **8**, e2020EA001223

◎スカフェッタら 2017▶ N. Scafetta et al., "Natural climate variability, part 2: Interpretation of the post 2000 temperature standstill", *International Journal of Heat and Technology* **35** Special Issue, S18. Doi:10.18280/ijht.35Sp0103.

◎深井 2015▶深井有『地球はもう温暖化していない』、平凡社新書

◎リンゼン、チョイ 2011▶ R. S. Lindzen, Y. S. Choi, "On the observational determination of climate sensitivity and its implications", *Asia-Pacific Journal of Atmospheric Science* **47**, 377

◎ジスキン、シャヴィヴ 2012▶ S. Ziskin, N. J. Shaviv, "Quantifying the role of solar radiative forcing over the 20th century", *Advances in Space research* **50**, 762

◎ルイス、カリー 2018▶ N. Lewis, J. Curry, "The impact of recent forcing and ocean heat uptake data on estimates of climate sensitivity", *Journal of Climate*, **31**, 6051.

◎深井、杉本 2024（未発表）

◎ウソスキンら 2011▶ I. G. Usoskin et al., "Solar modulation parameter for cosmic rays since 1936 reconstructed from ground-based neutron monitors and ionization chambers", *Journal of Geophysical Research* **116**, A02114

◎ウェバー、ヒグビー 2003▶ W. R. Webber, P. R. Higbie, "Production of cosmogenic Be nuclei in the Earth's atmosphere by cosmic rays: Its dependence on solar modulation and interstellar cosmic ray spectrum", *Journal of Geophysical Research* **108**, 1355

Proceedings of IAU Symposium No. 264, 2009 (IAU) p. 427

◎スヴェンスマーク 1998▶ H. Svensmark, "Influence of cosmic rays on Earth's climate", *Physical Review Letters* **81**, 5027

◎宮原ら 2008▶ H. Miyahara et al., "Possible link between multi-decadal climate cycles and periodic reversals of solar magnetic field polarity", *Earth and Planetary Science Letters* **272**, 290

◎スヴェンスマークら 2007▶ H. Svensmark et al., "Experimental evidence for the role of ions in particle nucleation under atmospheric conditions", *Proceedings of the Royal Society* A **463**, 385

◎スヴェンスマーク－コールダー2007 ▶『"不機嫌な"太陽―気候変動のもうひとつのシナリオ』、青山洋訳、恒星社厚生閣、2010年/ H. Svensmark, N. Calder, "The Chilling Stars: A New Theory of Climate Change", 2007.

◎スヴェンスマークら 2013▶ H. Svensmark et al., "Response of cloud condensation nuclei (> 50nm) to changes in ion-nucleation", *Physics Letters A* **377**, 2343

◎デュプリシら 2010▶ J. Duplissy et al., "Results from CERN pilot CLOUD experiment", *Atomspheric Chemistry and Physics* **10**, 1635

◎カークビーら 2011▶ J. Kirkby et al., "Role of sulphuric acid, ammonia and galactic cosmic rays in atmospheric aerosol nucleation", *Nature* **476**, 429

◎ヴェレテネンコら 2018▶ S. Veretenenko et al., "Galactic Cosmic rays and Low Clouds: Possible Reasons for Correlation Reversal", http://dx.doi.org/10.5772/intechopen.75428

◎ヴェレテネンコ、オグルツォフ 2012▶ S. Veretenenko, M. Ogurtsov., "Regional and temporal variability of solar activity and galactic cosmic ray effects on lower atmosphere circulation", *Advances in Space Research* **49**, 770.

◎ヴェレテネンコ、オグルツォフ 2014▶ S. Veretenenko, M. Ogurtsov, "Stratospheric polar vortex as a possible reason for temporal variations of solar activity and galactic cosmic ray effects on the lower atmosphere circulation", *Advances in Space Research* **54**, 2467.

drroyspencer.com/2021/04/22/

◎スペンサー 2021a ▶ D. R. Spencer, "Could recent U.S. warming trends be largely spurious?" https://www.drroyspencer.com/2021/01/29/

◎スツイヴァーら 1998▶ M. Stuiver et al., "INTCAL98 radiocarbon age calibration, 24,000 – 0 cal BP", *Radiocarbon* **40**, 1041

◎ザルコヴァら 2015▶ V. V. Zharkova et al., "Heartbeat of the Sun from Principal Component Analysis and prediction of solar activity on a millennium timescale". *Scientific Reports* 5:15689

◎ツァオら 2013▶ J. Zhao et al., "Detection of equatorward meridional flow and evidence of double-cell meridional circulation inside the Sun", *The Astrophysical Journal Letters* **774**, L29

◎ザルコヴァら 2017▶ V. V. Zharkova et al., "Reinforcing the double dynamo model with solar-terrestrial activity in the past three millennia", arXiv:1705.04482v2 [astro-ph.SR] 26 May 2017

◎ランドシャイト 2003▶ T. Landsheidt, "New Little Ice Age – instead of global warming?", *Energy and Environment* **14**, 327

◎スカフェッタ 2012▶ N. Scafetta, "Multi-scale harmonic model for solar and climate cyclical variation throughout the Holocene based on Jupiter-Saturn tidal frequencies plus the 11-year solar dynamo cycle", *Journal of Atmospheric and Solar-Terrestrial Physics* **80**, 296

◎アブリューら 2010▶ J. A. Abreu et al., "Is there a planetary influence on solar activity?", *Astronomy and Astrophysics* **548**, A88

◎スタインヒルバーら 2012▶ F. Steinhilber et al., "9400 years of cosmic radiation and solar activity from ice cores and tree rings", *Proceedings of National Academy of Sciences* **109**, 5967

◎フリース-クリステンセン、ラッセン 1991▶ E. Friis-Christenssen, K. Lassen, "Length of the solar cycle: An indicator of solar activity closely associated with climate", *Science* **254**, 698

◎宮原ら 2010▶ H. Miyahara et al., "Influence of the Schwabe / Hale solar cycles on climate change during the Maunder Minimum",

Maldives: Evidence of a mid-Holocene sea-level highstand in the central Indian Ocean", *Geology* 37, 455.
◎ケンチら 2014▶P. S. Kench et al., "Evidence for coral island formation during rising sea level in the central Pacific Ocean", *Geophysical Research Letters* 41, 820.
◎ウェッブら 2010▶A. P. Webb et al., "The dynamic response of reef islands to sea level rise: Evidence from multi-decadal analysis of island change in the central Pacific", *Global and Planetary Change*, doi:10.1016/j.gloplacha.2010.05.003
◎ケンチら 2015▶P. S. Kench et al., "Coral islands defy sea-level rise over the past century: Records from a central Pacific atoll", doi:10.1130/G36555.1
◎メルネル 2007▶N. A. Mörner, "Claim that sea level is rising is a total fraud", *EIR*, June, 33
◎マウイ 2011▶R. N. Maue, "Recent historically low global tropical cyclone activity", *Geophysical Research Letters* 38, L14803.
◎渡辺 2018▶渡辺正『地球温暖化狂騒曲——社会を壊す空騒ぎ』、丸善出版
◎丸山ら 2020▶丸山茂徳ら『地球寒冷化〝CO_2犯人説〟は世紀の大ウソ』、宝島社
◎クーニン 2022▶『気候変動の真実——科学は何を語り、何を語っていないか』、三木俊哉訳、日経BP/ Steven. E. Koonin, "Unsettled – What Climate Science Tells us, What it doesn't, and Why it Matters", 2021.
◎ラフランボアズ 2011▶Donna Laframboise, "The Delinquent Teenager; IPCC exposé"

5．ここまで進んだ気候の科学——見えてきた地球寒冷化

◎カークビー 2007▶J. Kirkby, "Cosmic rays and climate", *Survey of Geophysics* 28, 333
◎スペンサー 2021b▶D. R. Spencer, "An Earth Day reminder: Global warming is only ～ 50% of what models predict." https://www.

"The Skeptical Environmentalist: Measuring the Real State of the World", *Cambridge University Press*
◎ロンボルグ 2007▶『地球と一緒に頭も冷やせ！――温暖化問題を問い直す』山形浩生訳、ソフトバンククリエーティブ、2008／B. Lomborg, "Cool it: The Skeptical Environmentalist's Guide to Global Warming", *Cyan*
◎アレーグル 2007▶『環境問題の本質』林昌広訳、NTT 出版、2008／C. Allègre, "Ma Vérité sur la Planète", *Plon*

4. CO_2温暖化論を広めた人たち――はびこる俗説を斬る

◎エヴァース 2010▶ M. Evers et al., "Climate catastrophe: A superstorm for global warming research", Spiegel Online; http://spiegel.de/international/world/0,1518,druck-686697,00.html
◎ゴア 2006▶ Al Gore, "An inconvenient Truth"、『不都合な真実』枝廣淳子訳、実業之日本社文庫、2017
◎伊藤、渡辺 2008▶伊藤公紀、渡辺正『地球温暖化のウソとワナ』、KK ベストセラーズ
◎オーレマンス 2011▶ J. Oerlemans, "Extracting a climate signal from 169 glacier records," *Science* **308**, 675
◎リュンクィスト 2010▶ F. C. Ljunquivst "A new reconstruction of temperature variability in the extratropical northern hemisphere during the last two millennia", *Geografika Annaler* Series A, 339.
◎渡辺 2012▶渡辺正『地球温暖化神話――終わりの始まり』、丸善出版
◎ゴア 2017▶ Al Gore, "An Inconvenient Sequel"、『不都合な真実２』枝廣淳子訳、実業之日本社、2017
◎ゴセリン 2014▶ P. Gosselin, "Long term tide gauge data show 21st century sea level rise will be approximately as much as the 20th century," http://notrickszone.com/2014/04/18/
◎ウッドロフら 1999▶ C. D. Woodroffe et al., "Atoll reef island formation and response to sea-level change: West Island, Cocos Islands", *Marine Geology* **160**, 85.
◎ケンチら 2009▶ P. S. Kench et al., "Holocene reef growth in the

◎マンら 1999▶ M. E. Mann et al. “Northern hemisphere temperatures during the past millennium: Inferences, uncertainties, and limitations”, *Geophysical Research Letters* 26, 759

◎モントフォード 2010▶ A. W. Montford, “The Hockey Stick Illusion – Climategate and the Corruption of Science”, *Stacey International*

◎モッシャー、フラー 2010▶ S. Mosher, T. W. Fuller, “Climategate: The CRUtape Letters”, 2010;『地球温暖化スキャンダル——2009年秋クライメートゲート事件の激震』渡辺正訳、日本評論社

◎渡辺 2010▶渡辺正「クライメートゲート事件——地球温暖化説の捏造疑惑」、化学65、34、「続クライメートゲート事件——崩れゆくIPCCの温暖化神話」、化学65、66

◎渡辺 2012▶渡辺正『地球温暖化神話——終わりの始まり』、丸善出版

◎深井 2011▶深井有『気候変動とエネルギー問題』、中公新書

◎クライメートゲート1・0と2・0の全メールが検索できるサイト http://wattsupwiththat.com/2011/11/25/new-climategate-1-and-2-combined-search-engine/

◎エッシェンバック 2009a▶ W. Eschenbach “The smoking gun at Darwin zero”, http://wattsupwiththat.com/2009/12/08/

◎ジョーンズら 1990▶ P. D. Jones et al., “Assessment of urbanization effects in time series of surface air temperature over land”, *Nature* 347, 169

◎エッシェンバック 2009b▶ W. Eschenbach “When results go bad …”, http://wattsupwiththat.com/2009/12/29/

◎マッキンタイア 2021▶ S. McIntyre, “The IPCC AR6 Hockeystick” *Climate Audit* 2021/08/11

◎ゴスリン 2021▶ P. Gosslin, “IPCC 6th Climate Report: Who deleted the Medieval Warm Period? Traces lead to University of Bern” *Notrickszone* 2021/09/02

◎リオ宣言、アジェンダ21、気候変動枠組条約は、いずれも環境庁のホームページでダウンロードできる。

◎ロンボルグ 2001▶『環境危機をあおってはいけない——地球環境のホントの実態』山形浩生訳、文藝春秋、2003／B. Lomborg,

Media/Desert-greening-from-rising-CO2.aspx
◎ロイヤーら 2004▶ D. L. Royer et.al., “CO_2 as a primary driver of Phanerozoic climate”, *GSA Today* 14, 4

3．CO_2温暖化論とは何か

◎深井 2015▶深井有『地球はもう温暖化していない』、平凡社新書
◎真鍋・ウェザーラルド 1967▶S. Manabe, R. T. Wetherald, “Thermal equilibrium of the atmosphere with a given distribution of relative humidity”, *Journal of the Atmospheric Sciences* 24, 241
◎真鍋・ウェザーラルド 1975▶ S. Manabe, R. T. Wetherald, “The effects of doubling the CO_2 concentration on the climate of a general circulation model”, *Journal of the Atmospheric Sciences* 32, 3
◎オリィラ 2016▶ A. Ollila, “Climate sensitivity parameter in the test of the Mt. Pinatubo eruption”, *Physical Science International Journal*, 9, 1
◎モーベリら 2005▶ A. Morberg et al., “Highly variable northern hemisphere temperature reconstructed from low- and high-resolution proxy data”, *Nature* 433, 613
◎CO_2のデータ：www.CO2.earth
◎リチャード 2017▶K. Richard, “Recent CO_2 ‘climate sensitivity’ estimates headed towards zero”, https://principia-scientific.com/recent-co2-climate-sensitivity-estimates-headed -towards-zero
◎モニンら 2001▶E. Monnin et al., “Atmospheric CO_2 concentrations over the last glacial termination”, *Science* 291, 112
◎IPCC 第1～6次報告書。インターネットで ipcc report ar1～6を検索すれば必要部分を download することができる。
◎パルトリッジら 2009▶ G. Paltridge et al. “Trends in middle- and upper-level troposphere humidity from NCEP reanalysis data”, *Theoretical and Applied Climatology*, published on line 26 February 2009.
◎リンゼンら 2001▶R. S. Lindzen et al., “Does the Earth have an adaptive infrared iris?”, *Bulletin of the American Meteorological Society* 82, 417

◎宮原 2014▶宮原ひろ子『地球の変動はどこまで宇宙で解明できるか』、DOJIN 選書
◎北川、松本 1995▶H. Kitagawa, E. Matsumoto, "Climatic implications of δ^{13}C variations in a Japanese ceder during the last two millennia", *Geophysical Research Letters* 22, 2155
◎リュンクィスト 2010▶F.C. Ljunquivst "A new reconstruction of temperature variability in the extratropical northern hemisphere during the last two millennia", *Geografika Annaler* Series A, 339.
◎フェイガン 2000▶『歴史を変えた気候大変動』東郷えりか、桃井緑美子訳、河出文庫2009／B. Fagan, "The Little Ice Age: How the climate made history 1300-1850", *Basic Books*
◎田家 2013▶田家康『気候で読み解く日本の歴史』、日本経済新聞出版社
◎マンら 2009▶M. E. Mann et al., "Global signatures and dynamical origins of the little ice age and medieval climate anomaly", *Science* 326, 1256
◎青野、数井 2008▶Y. Aono, K. Kazui, "Phonological data series of cherry tree flowering in Kyoto, Japan, and its application to reconstruction of springtime temperature since the 9th century", *International Journal of Climatology*, 28, 905
◎青野、斉藤 2010▶Y. Aono, S. Saito, "Clarifying springtime temperature reconstructions of the medieval period by gap filling the cherry blossom phonological data series at Kyoto, Japan", *International Journal of Biometrology*, 54, 211
◎エピカチーム 2004▶EPICA community members, "Eight glacial cycles from an Antarctic ice core," *Nature* 429, 623

2. 気候の主役と脇役

◎渡辺、檜山、安成 2008▶渡辺誠一郎、檜山哲哉、安成哲三編『新しい地球学』、名古屋大学出版会
◎ドノヒューら 2013▶R. J. Donohue et al., "Impact of CO_2 fertilization on maximum foliage cover across the globe's warm, arid environments", *Geophysical Research Letters* 40, 3031; http://www.csiro.au/Portals/

引用文献

まえがき

◎真鍋・ウェザーラルド 1967▶S. Manabe, R. T. Wetherald, "Thermal equilibrium of the atmosphere with a given distribution of relative humidity", *Journal of the Atmospheric Sciences* 24, 241
◎真鍋・ウェザーラルド 1975▶S. Manabe, R. T. Wetherald, "The effects of doubling the CO_2 concentration on the climate of a general circulation model", *Journal of the Atmospheric Sciences* 32, 3
◎HadCRUT シリーズ▶ http://hadobs.metoffice.com/
◎衛星による気温測定データ
アラバマ大学（UAH）▶ https://www. drroyspencer. com/
RSS ▶ ftp://ftp. ssmi. com/msu/monthly_time_series/
◎スペンサー 2021a▶D. R. Spencer, "An Earth Day reminder: Global warming is only ～ 50% of what models predict." https://www. drroyspencer.com/ 2021/04/22/
◎オリィラ 2016▶ A. Ollila, "Climate sensitivity parameter in the test of the Mt. Pinatubo eruption", *Physical Science International Journal*, 9, 1
◎深井、杉本　2024▶深井有、杉本秀彦（未発表）
◎リチャード 2017▶K. Richard, "Recent CO_2 'climate sensitivity' estimates headed towards zero", https://principia-scientific.com/recent-co2-climate-sensitivity-estimates-headed -towards-zero
◎深井 2015▶深井有『地球はもう温暖化していない』、平凡社新書
◎赤祖父 2008▶赤祖父俊一『正しく知る地球温暖化』、（誠文堂新光社）

1．気候はどのように変動してきたか

◎NOAA 2021▶ https://www.climate.gov/
◎丸山、磯崎 1998▶丸山茂徳、磯崎行雄『生命と地球の歴史』、岩波新書
◎渡辺、檜山、安成 2008▶渡辺誠一郎、檜山哲哉、安成哲三編『新しい地球学』、名古屋大学出版会

●著者略歴

深井　有（ふかい　ゆう）

1934年生まれ。東京大学理学部物理学科（地球物理学専攻）卒業、理学博士。金属物理学とくに金属―水素系の物性と材料科学の研究。

中央大学理工学部物理学科に勤務し、国内の多くの大学・研究所のほか、イリノイ大学（米国）、グルノーブル大学、エコール・ポリテクニク（フランス）、ローマ大学（イタリア）の客員教授を務め、現在は中央大学名誉教授。その間、日本応用物理学欧文誌編集長を務めた。

著書には「拡散現象の物理」（朝倉書店 1988）、「物理学大百科」（朝倉書店 1989監訳）、「The Metal-Hydrogen System」（Springer 1992, 2005）、「水素と金属」（内田老鶴圃 1998共著）、「気候変動とエネルギー問題――CO_2温暖化論争を超えて」（中公新書 2011）、「地球はもう温暖化していない――科学と政治の大転換へ」（平凡社新書 2015）、「水素分子はかなりすごい――生命科学と医療効果の最前線」（光文社新書 2017）、「Molecular Hydrogen for Medicine」（Springer 2020）などがある。

太陽の科学が予告する「2040年寒冷化」
――脱炭素キャンペーンの根拠を問う

2024年5月30日　初版発行

著　者　深井　有
発行所　学術研究出版
〒670-0933　兵庫県姫路市平野町62
［販売］Tel.079(280)2727　Fax.079(244)1482
［制作］Tel.079(222)5372
https://arpub.jp
印刷所　小野高速印刷株式会社

ISBN978-4-911008-59-1

乱丁本・落丁本は送料小社負担でお取り換えいたします。